典型涉重企业土壤污染状况调查研究

张洪玲　李一鸣　黄冠燚　蒋　欣　胡亚奇　沈家明　著

河海大学出版社
HOHAI UNIVERSITY PRESS
·南京·

图书在版编目(ＣＩＰ)数据

典型涉重企业土壤污染状况调查研究 / 张洪玲等著
. — 南京：河海大学出版社，2023.9
ISBN 978-7-5630-8316-9

Ⅰ. ①典… Ⅱ. ①张… Ⅲ. ①工业企业－土壤污染－
调查研究 Ⅳ. ①X53

中国国家版本馆 CIP 数据核字(2023)第 152571 号

书　　名	典型涉重企业土壤污染状况调查研究
书　　号	ISBN 978-7-5630-8316-9
责任编辑	卢蓓蓓
特约编辑	李　阳
特约校对	夏云秋
装帧设计	张育智　刘　冶
出版发行	河海大学出版社
地　　址	南京市西康路 1 号(邮编:210098)
电　　话	(025)83737852(总编室)　(025)83722833(营销部)
经　　销	江苏省新华发行集团有限公司
排　　版	南京布克文化发展有限公司
印　　刷	广东虎彩云印刷有限公司
开　　本	718 毫米×1000 毫米　1/16
印　　张	9.75
字　　数	170 千字
版　　次	2023 年 9 月第 1 版
印　　次	2023 年 9 月第 1 次印刷
定　　价	78.00 元

前言 Preface

　　工业企业是我国经济发展的引擎,为地方经济做出了重大贡献,同时工业企业也是土壤环境污染的重点区域。随着国家化解产能过剩矛盾、调整优化产业结构及老工业区整体搬迁改造等工作的部署实施,部分工业企业按要求开展了关停、搬迁等相关工作。根据相关法规政策要求,地方各级环保部门应积极组织和督促场地使用权人等相关责任人委托专业机构开展关停搬迁工业企业原址场地的环境调查和风险评估工作。

　　本书以苏北某涉重企业为典型,参照相关导则,针对涉重企业的生产工艺和污染特征,探索此类工业企业场地的土壤和地下水污染状况。本书梳理了土壤和地下水调查的工作依据及程序,在调查区域地形地貌、水文地质、气候特征等环境概况的基础上,识别了企业特征污染物,确定了疑似污染区域,制定了布点计划及测试项目,开展了土壤、地下水检测采样,根据检测数据分析了涉重企业土壤、地下水概况,重点分析了重金属和有机物等污染物于土壤表层和深层含量的空间分布情况,评价了地下水环境质量并分析了地下水污染成因。为涉重企业环境管理和土地利用及保障人们的健康生活提供科学依据。

　　本书主要内容包括调查背景、工作依据及程序、区域环境概况、调查方案、检测采样分析、检测数据分析,以及土壤调查结果评估等。全书针对典型涉重企业的生产工艺及污染特征,以《建设用地土壤污染状况调查技术导则》等技术规范为参照,将理论与实践相结合,内容翔实,层次清晰,具有较强的实用性和操作性,可对我国典型涉重企业土壤污染状况调查工作起到很好的参考和示范作用。

目录 Content

1 调查背景

　　资源环境问题是长期制约我国社会经济可持续发展的重大问题。随着人类社会的发展,城市化进程不断加快,越来越多的工业企业搬迁,遗留下来大量可能存在潜在环境风险的场地。目前,场地再利用需求量大,场地开发市场规模急剧膨胀,然而未经环境调查评价或修复的场地,再利用时就可能存在健康与生态隐患,场地土层中所含的易迁移污染组分对地下水也会产生一定的影响,甚至引发严重后果。

　　《全国土壤污染状况调查公报》(2014 年 4 月 17 日)显示,全国土壤环境状况总体不容乐观,部分地区土壤污染较重,耕地土壤环境质量堪忧,工矿业废弃地土壤环境问题突出。全国土壤总的超标率为 16.1%,其中轻微、轻度、中度和重度污染点位比例分别为 11.2%、2.3%、1.5% 和 1.1%。污染类型以无机型为主,有机型次之,复合型污染比重较小,无机污染物超标点位数占全部超标点位的 82.8%。从污染分布情况看,南方土壤污染重于北方;长江三角洲、珠江三角洲、东北老工业基地等部分区域土壤污染问题较为突出,西南、中南地区土壤重金属超标范围较大;镉、汞、砷、铅 4 种无机污染物含量分布呈现从西北到东南、从东北到西南方向逐渐升高的态势。

　　本书以苏北某涉重企业为例,该企业主要产品为再生铅和免维护电池,现已关停且不属于土壤污染重点监管单位,由园区管理委员会对该地块进行"腾笼换鸟",引进其他符合园区产业发展定位的企业。根据《关于加强工业企业关停、搬迁及原址场地再开发利用过程中污染防治工作的通知》(环发〔2014〕66号)中的要求:"地方各级环保部门要按照相关法规政策要求,积极组织和督促场地使用权人等相关责任人委托专业机构开展关停搬迁工业企业原址场地的环境调查和风险评估工作。"因此,该企业在关停搬迁前,应当按照规定进行土壤污染状况调查。

为此,对该企业地块进行土壤污染状况初步调查,按照国家相关标准、技术规范的要求,进行初步采样布点调查,通过样品分析检测及检测数据分析,以了解地块土壤环境状况,确定地块土壤中污染物含量是否超过国家或地方有关建设用地土壤污染风险管控标准,为后期环境管理和土地利用及保障人们的健康生活提供科学依据。

2 工作依据及程序

2.1 国家层面的政策、法律、法规

在我国的环境保护发展历程上，土壤污染防治问题实际上是和水污染、大气污染防治同时出现的，但由于受到的重视程度不够和资金不足等原因，我国土壤调查行业发展起步较晚，目前的行业成熟程度远落后于水、大气、固废治理行业。但是，近年来国家已经开始意识到土壤污染问题的严重性和污染场地治理修复的重要性，尤其是我国《国民经济和社会发展第十二个五年规划纲要》的出台，意味着土壤调查行业的春天即将到来，因为该纲要将节能环保列为七大战略性新兴产业之首。其中，土壤调查在环保产业的重点发展之列，并明确提出要强化土壤污染防治监督管理。随后，相关的政策、法律、法规陆续出台。

(1) 2014年5月原环境保护部发布了《关于加强工业企业关停、搬迁及原址场地再开发利用过程中污染防治工作的通知》(环发〔2014〕66号)，通知中指出：地方各级环保部门要按照相关法规政策要求，积极组织和督促场地使用权人等相关责任人委托专业机构开展关停搬迁工业企业原址场地的环境调查和风险评估工作。经场地环境调查及风险评估认定为污染场地的，应督促场地使用权人等相关责任人落实关停搬迁企业治理修复责任并编制治理修复方案，将场地调查、风险评估和治理修复等所需费用列入搬迁成本。

(2) 2016年5月国务院印发了《土壤污染防治行动计划》(国发〔2016〕31

号），提出到 2020 年，全国土壤污染加重趋势得到初步遏制，土壤环境质量总体保持稳定，农用地和建设用地土壤环境安全得到基本保障，土壤环境风险得到基本管控；到 2030 年，全国土壤环境质量稳中向好，农用地和建设用地土壤环境安全得到有效保障，土壤环境风险得到全面管控；到 21 世纪中叶，土壤环境质量全面改善，生态系统实现良性循环。该行动计划还强调：到 2020 年，受污染耕地安全利用率达到 90% 左右，污染场地安全利用率达到 90% 以上；到 2030 年，受污染耕地安全利用率达到 95% 以上，污染场地安全利用率达到 95% 以上。

（3）原环境保护部 2016 年 12 月颁布、2017 年 7 月 1 日起实施的《污染地块土壤环境管理办法（试行）》（环境保护部令第 42 号）将拟收回或已收回土地使用权的有色金属冶炼、石油加工、化工、焦化、电镀、制革等行业企业用地，以及土地用途拟变更为居住和商业、学校、医疗、养老机构等公共设施用地的疑似污染地块和污染地块作为重点监管对象。要求对土地用途变更为上述公共设施用地的疑似污染地块和污染地块，重点开展环境初步调查、人体健康风险评估和风险管控；对暂不开发的污染场地，开展以防治污染扩散为目的的环境风险评估和风险管控。

（4）2018 年 8 月 31 日第十三届全国人大常委会第五次会议通过了《中华人民共和国土壤污染防治法》（简称《土壤污染防治法》），并于 2019 年 1 月 1 日生效。作为我国首部土壤污染防治相关法律，该法的出台完善了我国污染土地风险管控的法律体系。

《土壤污染防治法》出台的意义在于三个方面：一是在预防为主、保护优先、防治结合、风险管控等总体思路下，根据土壤污染防治的实际工作需要，设计法律制度的总体框架；二是根据土壤污染及其防治的特殊性，采取分类管理、风险管控等有针对性的措施；三是提出预防为主（从源头上减少土壤污染）、风险管控（阻断土壤污染影响大众生活）和污染者担责（谁污染，谁治理）的三大对策。

随着《土壤污染防治行动计划》的发布以及《土壤污染防治法》等法律法规、实施细则及管理办法的起草和制定，我国有望在未来几年出台更多的土壤污染防治相关法规政策，我国土壤方面的法律体系也将进一步完善，为我国场地污染调查行业提供更加详细的指导意见，推动我国污染场地调查行业的有序发展。

2.2 地方层面的政策、法规

早些年,全国只有少部分地区开展了土壤调查项目,如北京、上海和重庆等,目前这些地区的土壤调查行业发展程度较高。近年来,随着国家在土壤、地下水污染防治方面的政策、法律、法规的出台,各地政府也逐渐加强了对土壤、地下水污染防治的重视程度,很多地区先行先试,密集发布了相关政策、法规(表2.2-1),尤其是一些工业大省和农业大省。如今,土壤、地下水调查行业在全国各地已经得到了相当程度的发展。

表 2.2-1 部分地区发布的相关政策、法规

时间	地区	政策、法规名称
2017 年 1 月	江苏省	江苏省土壤污染防治工作方案
	山东省	山东省土壤污染防治工作方案
	浙江省	浙江省土壤污染防治工作方案
	湖南省	湖南省土壤污染防治工作方案
	贵州省	贵州省土壤污染防治工作方案
2017 年 3 月	南京市	南京市土壤污染防治行动计划
2017 年 6 月	杭州市	杭州市土壤污染防治工作方案
2017 年 8 月	广州市	广州市工业企业场地环境调查、修复、效果评估文件技术要点

2.3 相关技术导则、规范和标准

2017 年 12 月原环境保护部发布了《建设用地土壤环境调查评估技术指南》(环境保护部公告 2017 年第 72 号),该指南适用于《污染地块土壤环境管理办法(试行)》(环境保护部令第 42 号)规定的疑似污染地块对人体健康风险的土壤环境初步调查、污染地块土壤环境详细调查与风险评估。其他情形的建设用地土壤环境调查评估可参照该指南执行。该指南还规定了建设用地土壤环境调查评估工作应当依据《场地环境调查技术导则》(HJ25.1—2014)、《场地环境监测技术导则》(HJ25.2—2014)、《污染场地风险评估技术导则》(HJ25.3—2014)和《工业企业场地环境调查评估与修复工作指南(试行)》,并符合该指南

相关要求。

2004 年 12 月原国家环境保护总局发布了《土壤环境监测技术规范》（HJ/T 166—2004），规定了土壤环境监测的布点采样、样品制备、分析方法、结果表征、资料统计和质量评价等技术内容。生态环境部 2020 年 12 月发布、2021 年 3 月 1 日实施的《地下水环境监测技术规范》（HJ 164—2020）规定了地下水环境监测点布设、环境监测井建设与管理、样品采集与保存、监测项目和分析方法、监测数据处理、质量保证和质量控制以及资料整编等方面的要求。

生态环境部 2018 年 6 月发布、2018 年 8 月 1 日实施的《土壤环境质量 建设用地土壤污染风险管控标准（试行）》（GB 36600—2018）规定了保护人体健康的建设用地土壤污染风险筛选值和管制值，以及监测、实施与监督要求。国家质量监督检验检疫总局和国家标准化管理委员会 2017 年 10 月发布、2018 年 5 月 1 日实施的《地下水质量标准》（GB/T 14848—2017）规定了地下水质量分类、指标及限值，地下水质量调查与监测，地下水质量评价等内容。

《建设用地土壤环境调查评估技术指南》《土壤环境监测技术规范》《土壤环境质量 建设用地土壤污染风险管控标准（试行）》等指南、技术规范及标准的陆续发布，明确了我国土壤污染状况调查工作的开展方向，进一步推动了我国土壤调查行业的发展。

2.4　调查工作程序

根据《建设用地土壤污染状况调查技术导则》（HJ 25.1—2019）可知，土壤污染状况调查可分为三个阶段。

第一阶段：主要工作内容为收集资料、现场考察、人员访谈，主要目的为通过上述工作，根据获取的相关信息判断场地是否存在污染，确定是否需要开展更进一步的环境调查工作。

第二阶段：主要工作内容为初步采样分析、详细采样分析，通过初步采样分析判别污染物的种类、了解污染程度，判断是否需要进行详细采样分析。详细采样分析的主要工作为根据初步采样分析结果，制定详细的采样分析方案，了解污染物的分布情况，判断是否需要开展人体健康风险评估工作。

第三阶段：主要工作内容为获取健康风险评估所需场地特征参数，根据场地规划用地方式获取受体暴露特征参数，开展人体健康风险评估；筛选对人体健康风险高的污染物,提出基于保护人体健康风险的土壤及地下水中污染物风险控制值,根据场地特征参数及受体暴露特征参数,进一步提出土壤及地下水中目标污染物的修复目标值,划定土壤及地下水修复区域。

《建设用地土壤污染状况调查技术导则》(HJ 25.1—2019)中的土壤污染状况调查的工作程序及内容见图2.4-1。本书以苏北某涉重企业土壤污染状况初步调查报告为典型案例,仅涉及土壤污染状况调查的第一阶段和第二阶段。

项目实施方案工作程序参考我国《建设用地土壤环境调查评估技术指南》、《建设用地土壤污染状况调查技术导则》(HJ 25.1—2019)、《建设用地土壤污染风险管控和修复监测技术导则》(HJ 25.2—2019)中规定开展。

2.5　调查目的及调查原则

2.5.1　调查目的

为全面实施"总量锁定、增量递减、存量优化、流量增效、质量提高"的基本策略,充分发挥土地资源市场配置作用,加强土地全生命周期管理,特开展场地环境调查工作,调查的主要目的包括以下几点:

(1)通过资料收集和现场踏勘,掌握场地及周围区域的自然和社会信息,并初步识别场地及周围区域会导致潜在土壤和地下水环境污染的目标物质。通过土壤和地下水样品采集和分析,初步掌握该场地的土壤和地下水环境质量状况。

(2)根据场地土壤及地下水调查数据,以场地未来用地规划为基础,结合场地条件,判断场地土壤及地下水环境质量水平以及是否需要对场地土壤及地下水开展进一步详细调查。

(3)评价土壤和地下水环境质量。根据土壤和地下水样品实验室检测结果,参照相关评价标准,对该场地监测的目标污染物进行评价,为场地后续开发提供技术支持。

(4)提出有针对性的建议及措施。在场地土壤和地下水环境质量评价的基础上,针对该场地规划用途,对存在环境质量问题、安全隐患的区域提出有针对性的建议及措施。

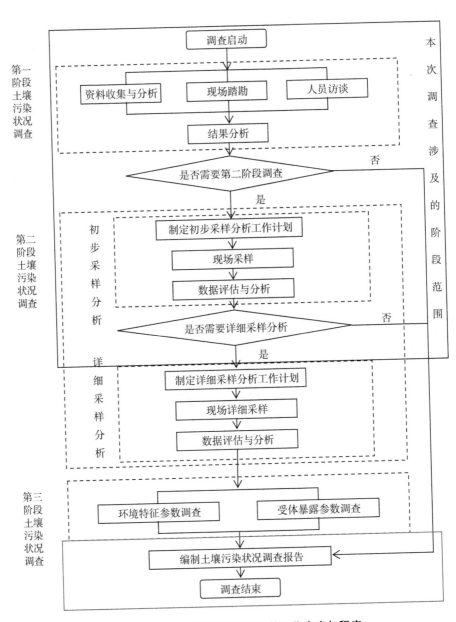

图 2.4-1 土壤污染状况调查的工作内容与程序

2.5.2 调查原则

针对性原则。根据场地的特征,开展有针对性的调查,为场地的环境管理提供依据。采用程序化和系统化的方式规范场地环境初步调查的过程,保证评估工作的科学性和客观性。

实用性原则。充分考虑国内技术条件和实践经验,细化各项工作方法,规范场地环境调查方法,增加可操作性,便于实施与推广。

统筹性原则。吸收国内外先进的经验,统筹考虑土壤和地下水,并根据污染场地全过程管理原则,完善管理框架和技术体系,便于逐步推进经营性用地场地环境保护工作。

可操作性原则。通过对场地过往活动的了解,针对场地特征与潜在污染物特性进行场地调查。同时严格遵循国家及地方相关环境法律、法规和技术导则,规范场地调查过程,保证调查过程的科学性和客观性。

3 区域环境概况

3.1 场地地形地貌

该场地所在市地势西北高、东南低,最高点位于某林场附近的山峰顶,高程为 71.20 m;最低处高程为 8.80 m。全市除某镇一带为低丘垅岗外,其余皆为平原。

该市地貌如下:丘陵高程 50～60 m,地表坡降 1/500～1/1 000,分布于某乡附近,面积约 10 km² ,呈南北向展布。丘陵东侧受断裂活动的控制坡度较陡,西侧则较平缓。岗地海拔 30～50 m,坡度自丘陵向外围倾斜。岗地海拔 25～35 m,主要分布于某区北侧矿山一带,受风化剥蚀及人类活动的影响,地表较平坦,总的地势由北向南倾斜,坡度不大。黄河决口扇形平原分布于废黄河两侧,自扇顶向外到扇缘,地形由高到低倾斜,沉积物质由粗变细。波状平原分布于境东北角某河南侧的某乡镇一带,由地质较近时期的某河冲积而成,地势自北向南缓缓倾斜,海拔 20～25 m,由于受后期流水作用的影响,浅沟发育,地表呈微波状起伏。废黄河高漫滩横亘在平原之上的废黄河两侧防洪堤,一般宽 2～4 km。从横剖面上看,整个河谷从废黄河的中泓线向两侧依次为内滩地和高滩地,呈阶梯状,但就整个河谷而言仍比两侧平原高出 2～4 m。从纵剖面来看,从上游到下游海拔逐渐降低,即从某镇一带高程 30 m 左右降到某镇附近高程 25 m。

3.2 水文地质

3.2.1 地质

该市市区及近郊第四系广泛分布,类型复杂,岩性、岩相有一定的变化,厚度差异较大。除北部剥蚀低岗河斜坡地带为基岩王氏组和宿迁组零星出露地表外,绝大部分地区为第四系覆盖区。由于第三系宿迁组沉积之后,郯庐断裂带内锅底山断凸继承性拓开,东、西两侧和南部相对沉降,因此第四系之下隐有较厚的河湖相堆积白砂层,最大厚度可达 80 m,一般在 50 m 左右,第四系的分布,岩相和厚度的变化与构造不均匀沉降密切相关。

3.2.2 地下水

1. 该市地下水情况介绍

该市地下水可分为松散岩类孔隙水和基岩裂隙水两大类。

1)松散岩类孔隙水

根据沉积物的时代、成因、地质结构及水文地质特征,区内含水层可分为潜水、微承压水(第 Ⅰ 承压水)和第 Ⅱ、第 Ⅲ 承压水含水层。

(1)全新统(Q_4)粉砂、粉质黏土孔隙潜水

该含水岩组以废黄河泛滥堆积分布最广,其含水砂层组合类型各地不一。河漫滩、自然堤近侧,粉质砂土、粉土裸露;远离河道由粉质黏土与粉土互层,厚度一般为 2~10 m,最大为 19.55 m。据钻孔抽水资料反映,含水贫乏,出水量小于 100 m³/d。含水层大面积裸露,受降水直接补给,水位埋深一般为 2~3 m,滩地可达 5 m 左右。

(2)上更新统(Q_3)粉土、粗砂层孔隙弱承压水(第 Ⅰ 承压水)

发育在含钙质结核粉土的中段。据钻孔资料:沿废黄河一带厚度较大,西南岗地大部分缺失,底板最大埋深约 40 m,水位埋深一般为 1~3 m,水量中等,局部富集,水质良好。

(3)第 Ⅱ 承压水

时代相当于中、下更新统(Q_2、Q_1)和上第三纪宿迁组。中、下更新统砂性土层较发育,两者间经常以砂砾层直接相触,构成统一的孔隙承压含水岩组,一般厚度 16~19.5 m,最大厚度 34.9 m,顶板埋深 30.3~49.3 m。

含水砂砾皆为河流冲积而成。砂砾层厚度与地层总厚比多在 70% 以上,

富水性受砂层厚度的控制,构造凹陷区含水砂层发育,水量较丰富,反之则非。大致以郯庐断裂带东界断裂为界,东部富水带长轴为北西—南东向,如某镇—黄圩富水带,钻孔抽水最大单位涌水量达 348.48 $m^3/(d \cdot m)$;西部富水带呈南北向,单位涌水量最大达 190.27 $m^3/(d \cdot m)$。由于新构造上升,岗地边缘地带含水层变薄,单位涌水量小于 43.2 $m^3/(d \cdot m)$,水位埋深一般为 15~17.5 m,矿化度一般小于 1 g/L,局部达 1~2 g/L。

(4) 第Ⅲ承压水

① 中新统(N_1)下草湾组砂层孔隙承压水

宿迁组早期沉积为河湖相,沉积颗粒较粗,多为砂砾层,向湖心过渡则变为细粒的黏土;后期湖水扩大,细粒黏土叠加沉积,构成了上有隔水层覆盖的砂砾孔隙承压水。据统计,含砾比湖滨粗粒相为 5%~50%,湖心粗粒相趋近于零,即没有砂层沉积。埋深一般为 50~100 m,最大含水砂层厚度为 62 m,南部近湖心带缺失。

基底构造、地貌等控制了地表水系的发展,水系制约了含水砂层的发育,含水砂层又决定了地下水的富存条件,本区大致可分为 3 个富水带:

a. A 镇—B 镇富水带

沿某河分布,单位涌水量在 0.7 L/(s·m) 左右,归仁北部地下水位高出地表,形成自流泉。

b. C 镇—D 镇富水带

受基底 C 镇—D 镇盆地的控制,成北东向展布,单位涌水量 0.5~0.7 L/(s·m),水位埋深 12.7 m 左右,流向由北向南。

c. E 镇—F 镇富水带

位于某河入成子湖地带,单位涌水量 0.5~0.7 L/(s·m),流向由北向南。

② 中新统(N_1)峰山组砾砂层孔隙承压水

峰山组的分布构成了 G 镇—H 镇古河道及 I 镇—J 镇泛滥盆地的河流冲积相,决定了砂砾石层的发育,泛滥盆地因水流相对开阔、平缓,细粒沉积增多,故含砂比为 50%~100%。砂砾石层次多且厚,厚度达百米以上,可至 113 m(某县车门),一般 30~50 m,顶板埋深深者达 150 m,一般埋深 60 m 左右,局部地段已抬升接近地表。

2) 基岩裂隙水

白垩纪砂页岩、侏罗纪火山岩及下元古界的片麻岩,以坨岗、残丘的形态出露于某山等地。含有微弱的构造裂隙水,单井涌水量小于 $10\sim100$ m³/d。局部构造裂隙发育在低洼的地形条件下,有利于裂隙水的补给,单井涌水量大于 100 m³/d。测区内基岩裂隙水无供水价值。

2. 该市地下水补给、径流和排泄条件

1）第Ⅰ含水岩组

浅层水第Ⅰ含水岩组,为全新统 Q4 和上更新统 Q3 潜水和微承压水（第Ⅰ承压水）,主要接受大气降水补给,其次是农田灌溉及河渠入渗补给。地下水位和降水有着密切关系,雨季水位上升,旱季水位变化幅度大,一般为 $2\sim2.5$ m,每年从 6 月份雨季地下水位开始上升,9 月份雨季结束后水位逐渐下降,一般来说最高水位滞后于最大降水期一个月。表层亚砂、粉砂的分布为降水入渗提供了良好途径,含钙核亚黏土的砂层水具微承压性,接受上部垂向渗入补给的强弱,取决于上覆亚黏土钙核的含量。

潜水位随地貌不同而异。废黄河高漫滩埋深大（$3\sim5$ m）,分别向两侧埋深递减,最小埋深小于 1 m。高漫滩构成了潜水的分水岭,地下径流分别向北东、南西向流动。当遇到北西—南东向垅岗的相对阻隔后又转为东南,最后向东部冲积平原排泄。潜水由于地形平坦,含水层岩性又为粉砂、亚砂土、亚黏土,所以径流条件差。水力坡度、地下水流向与地形坡度、地表水汇集方向密切吻合。

潜水、微承压水的排泄主要是垂向蒸发,另一排泄途径是人工开采,目前全市约有浅水井 20 万眼。

2）第Ⅱ承压水含水层

该层地下水水位变化较大,年变幅 $0.5\sim1.2$ m。水位上升一般在雨季或雨后期,表明区域地下水位形成有一定量的大气降水参与,另从第Ⅰ含水层某些薄弱的隔水层向下越流补给。某县及某县部分范围内第Ⅱ承压水含水层作为主要开采层,导致地下水位大幅度下降。地下径流来自西北、西南某河流域,向东北、东南排泄。其中某山以北及废黄河西南侧,为一地下径流汇集带,向洪泽湖方向运移。总趋势则由西向东,由低丘、垅岗向平原排泄。

3）第Ⅲ承压水含水层

在西部的郯庐断裂带内,局部地区第Ⅲ承压水的砂层直接出露于地表,接受大气降水的入渗补给或地表水的渗漏补给,但补给的范围不大,同时还有越流补给。深层水水位变化无暴起暴落现象,但总的来看地下水位的升降与大气降水有关。雨季结束后(一般是8、9月份)地下水位开始上升,只是由于含水层埋藏深,水位变化往往会滞后降水一段时间,而不能立即得到补给,滞后的长短与含水层的岩性、结构以及上覆地层的透水性密切相关。有的含水层透水性好,隔水层薄或者离补给区近,则补给快,反之则慢。该含水层砂砾颗粒粗,渗透性强,单井涌水量丰富。其补给主要靠侧向径流。深层水排泄除通过径流排泄外主要是人工开采。

3.3 气候特征

某市处亚热带向暖温带过渡地区,气候具有较明显的季风性、过渡性和不稳定性等特征。受近海区季风环流和台风的影响,冷暖空气交汇频繁,洪涝等自然灾害经常发生。根据该市气象局观测站统计的2001—2020年气候资料,该市主要气象要素特征如表3.3-1所示。该市气象局观测站位于某区某街道办事处居委会。

表3.3-1 某市2001—2020年气象特征参数表

气象要素		数值
气温	年平均气温(℃)	15
	年平均最高气温(℃)	26.8
	年平均最低气温(℃)	−0.5
湿度	历年平均相对湿度(%)	74
	最大相对湿度(%)	89
	最小相对湿度(%)	49
降水量	年最大降雨量(mm)	1 555.0
	年最小降雨量(mm)	551.4
	多年平均降雨量(mm)	988.4
霜	无霜期(d)	208
日照总时	多年平均数日照总时(h)	2 291.6
风	平均风速(m/s)	2.9
	最大10分钟平均风速(m/s)	32.9

某市2001—2020年平均温度和平均风速的月变化如表3.3-2所示。

表 3.3-2 某市 2001—2020 年平均温度和平均风速的月变化

月份	1月	2月	3月	4月	5月	6月	7月	8月	9月	10月	11月	12月
温度(℃)	0.8	3.7	8.8	15.1	20.6	24.7	27.2	26.3	22.0	16.6	9.5	3.1
风速(m/s)	2.1	2.5	2.9	2.7	2.5	2.3	2.1	2.0	1.9	1.9	2.1	2.2

某市 2001—2020 年四季及全年风向及风频如表 3.3-3 和图 3.3-1 所示。

表 3.3-3 某市 2001—2020 年四季及全年风向及风频

风向	N	NNE	NE	ENE	E	ESE	SE	SSE	S	SSW	SW	WSW	W	WNW	NW	NNW	C
春季(%)	3.9	5.0	5.3	7.2	7.7	9.2	8.8	9.4	7.3	7.4	6.7	5.4	3.1	3.2	3.5	3.8	3.9
夏季(%)	3.2	4.0	6.1	8.6	10.4	11.8	10.4	9.3	6.4	6.4	5.2	3.5	2.5	2.1	2.5	2.6	6.4
秋季(%)	5.6	8.0	8.6	8.5	9.4	8.7	6.4	5.7	3.5	3.9	3.8	3.5	2.8	2.7	3.5	5.2	11.1
冬季(%)	5.0	7.5	8.2	9.1	8.3	7.6	5.2	4.8	4.1	4.6	4.6	4.4	3.3	3.7	4.7	6.7	8.3
年平均(%)	4.4	6.1	7.1	8.4	9.0	9.4	7.7	7.3	5.3	5.6	5.1	4.2	2.9	2.9	3.6	4.6	7.4

某市主导风向不明显,其中 ENE～ESE 的年平均风频之和较大,为 26.8%。按季节来看,夏季的主导风向为 E～SE,风频之和为 32.6%;冬季主导风向亦不明显。2001—2020 年,该市年平均降水量 988.4 mm,年总降水量最大的是 2003 年,为 1 555.0 mm,其中 2000、2003、2005、2007 年的年总降水量均超过 1 000 mm。降水量最少的是 2004 年,为 551.4 mm。降水时段主要集中在汛期(6—8 月),降水偏多年份 2003 年 6—8 月总降水量为 1 063.2 mm,占全年总降水量的 68.4%,降水偏少年份 2004 年 6—8 月总降水量为 222.3 mm,占全年总降水量的 40.3%。年最大降水量 1 555.0 mm,年最少降水量 551.4 mm。一日最大降水量 250.9 mm,出现在 2004 年 7 月 19 日。每年从 4 月份起降水量逐渐增多,6—9 月为汛期,雨季一般在 6 月下旬后期开始,在 7 月中旬后期结束,持续 20 d 左右,这一期间为全年雨量最集中时期。年平均雨日(日降水量≥0.1 mm)91.4 d,最多 143 d,最少 47 d。

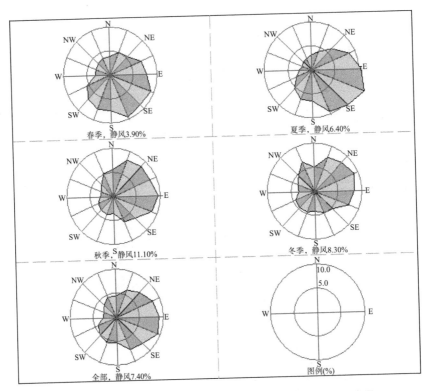

图 3.3-1　某市 2001—2020 年四季及全年风向及风频玫瑰图

3.4　水系及水文特征

1. 水系

某市境内水文为淮河水系,区内河道纵横交叉,水系发达,其中某河在该市境内全长 77.8 km,历史最大流量为 6 900 m³/s,河底宽 1.3～3.0 km。河道的功能主要是灌溉、景观、饮用和航运等。

2. 湖泊

某湖位于某市西北部,水域总面积 375 km²,库容量约为 7.5 亿 m³。蓄泄兼备,是具有灌溉、航运、渔业、旅游和工业用水的多功能、多效益的大型人工宝湖。

3.5　生态环境

1. 自然植被

某市地处我国东部湿润平原地区,水热条件良好,除水域和城镇地区以外,大部分地区植被指数较高,反映总体植被状况良好。植被类型以落叶阔叶树种为主,兼有常绿树种。主要树种有:杨树、柳树、刺树、槐树、臭椿、泡桐、榆树、悬铃木、女贞、石南、雪松以及温带果树苹果、梨、葡萄、柿、杏、桃等。现状植被中,主要为农作物、栽培植物和人工林地。耕地农作物主要包括:水稻、小麦、玉米、棉花、大豆、油菜、山芋、花生等。

2. 林业资源

根据林业调查数据,全市有林木生长的土地总面积在 240 万亩[①]左右,根据《某市市土地利用总体规划(2006—2020)》,该市现状林地面积为 27.33 万亩,到 2020 年,规划林地面积可达到 38.38 万亩。

3. 自然保护区

1) 某湿地省级自然保护区

经江苏省政府批准建立的某湿地省级自然保护区是该地区湿地生态系统保存最为完整的区域,保护区由天然湿地生态系统以及标准地层剖面和鸟类栖息地等组合而成,总面积 23 453 hm^2,其中核心区 2 205 hm^2,占保护区面积的9.4%。该湿地自然保护区是江淮地区乃至长江中下游地区典型的湖泊湿地,由草甸、沼泽、水域等多种生态系统组成,是冬季候鸟重要的栖息地。秋冬之交,大鸨、丹顶鹤、白鹳、黑鹳、天鹅、灰鹤、野鸭等 190 余种候鸟源源不断地从北方迁徙南下,迁徙路过该湿地的候鸟,每隔 5~10 d 就要更替一批不同的种类和群体,有时汇聚该湿地的候鸟数量多达 20 万只,它们在这里停留不同的时间后,继而飞往南方越冬。

2) 某湿地自然保护区

某湿地自然保护区总面积 6 700 hm^2,包括核心区、缓冲区、实验区。其中,核心区面积 610 hm^2,位于某湖西部,以芦苇湿地为主。该市境内某湖面积为280 km^2。某湿地水域水质目前达国家二类标准,野生动植物资源丰富,有鸟

---

① 1 亩约为 666.7 m^2。

类 49 种,鱼类 23 种。

3)某森林公园

某森林公园为省级森林公园,位于该市区以北 7 km 处的某区境内,在开发区的西南方向,占地 11 km²,具有良好的自然生态环境,生物资源丰富,林木茂盛。

3.6　土壤环境

某市土壤分为 4 个土类,7 个亚类,15 个土属,37 个土种。

1. 潮土类

潮土类面积 1 059 276 亩,占全市土壤面积的 72.16%,分布于某河以西各乡、镇及市东南片某镇等地。根据母质来源及剖面性状,潮土类分为黄潮土亚类、棕潮土亚类、盐碱性潮土亚类。

2. 砂礓黑土

砂礓黑土是该市第二大土类,面积为 329 052 亩,占全市土壤总面积的 22.41%。该土类只有砂礓黑土一个亚类,分布于境内东北片,即塘湖北部、某镇南部、某镇两乡全部、某镇两乡的北部大部分地区。砂礓黑土潜在养分较高,但有砂礓障碍层次,对作物生长不利,今主要为稻麦轮作和麦棉轮作。

3. 棕壤

棕壤主要分布在某镇一带丘陵、岗地上,为地带性土壤。面积 68 714 亩,占全市土壤面积的 4.68%,分为粗骨性棕壤和白浆化棕壤两个亚类。

粗骨性棕壤亚类:全市只有 9 318 亩,集中分布在某镇及某区北侧丘陵岗地上。该亚类土壤分布地势较高,目前主要是种植旱作物,生产力较低。

白浆化棕壤亚类:分布于某湖东侧,某镇林场附近岗地上,高程比粗骨性棕壤分布地区稍低,面积 59 396 亩。白浆化棕壤养分低,紧实闭气,地形不平坦,生产性能较差。

4. 紫色岩土

紫色岩土全市共 10 991 亩,占全市土壤面积的 0.75%,主要分布在某镇南部附近丘陵地区,成土母质为紫色、红色砂泥岩的风化物。该土壤分布在丘陵上,养分低,缺水缺肥,生产性能很差,主要种植玉米、薯类、豆类旱作物,产量不高。

3.7 敏感目标

调查场地周边环境敏感目标见表3.7-1。

表 3.7-1　地块周边主要环境敏感区

序号	位置	距离(m)	敏感区名称	备注
1	北侧	240	农田	主要种植有小麦、玉米等农作物
2	北侧	660	某河流	地表水
3	西南侧	43	某居民区	—

4 调查方案

4.1 资料收集与分析

4.1.1 资料收集

依据《建设用地土壤污染状况调查技术导则》(HJ 25.1—2019),调查人员应对场地环境调查的相关资料进行收集和分析,资料收集清单参见表 4.1-1。

表 4.1-1 资料收集:文件、档案、影像资料等,反应场地污染历史情况(示例)

	名称	内容	来源
1	场地利用变迁资料	场地开发及活动的航片或卫星图片,土地使用和规划资料,以及变迁过程中建筑、设施、工艺流程和生产污染等变化	场地所有者、网络、图书馆
2	生产信息	原辅材料及中间体清单、平面布置图、工艺流程图、地下管线图、化学品存储及使用清单、地上及地下储罐清单等	场地使用者
3	场地环境资料	场地土壤及地下水污染记录、危险废物堆放记录、场地与敏感区(自然保护区、水源地等)位置关系、区域环境保护规划、环境质量公告、环境备案和批复,以及环境监测数据、环境影响报告书、竣工环保验收报告、环境审计报告、地勘报告等	环境监管部门、安监部门、场地使用者等
4	自然信息	地理位置图、地形、地貌、土壤、水文地质和气象资料	图书馆、网络

名称	内容	来源
5 社会信息	人口密度和分布、敏感目标分布、土地利用方式、区域所在地经济现状和发展规划,国家和地方的相关政策、法规与标准,以及地方疾病统计信息等	地区政府、网络、图书馆

4.1.2 现场踏勘

调查人员进行了现场踏勘,踏勘的范围以场地内为主,也包括场地周边区域。

现场踏勘的主要内容包括:场地的现状,场地历史情况,相邻场地的现状,相邻场地的历史情况,周围区域的现状与历史情况,地质、水文地质、地形的描述,建筑物、构筑物、设施或设备的描述,详见表 4.1-2。

表 4.1-2 现场踏勘的主要内容(示例)

序号	主要内容
1	场地的现状与历史情况
1.1	可能造成土壤和地下水污染的物质的使用、生产、贮存或三废处理与排放以及泄漏状况
1.2	场地使用过程中留下的可能造成土壤和地下水污染的异常迹象,如罐、槽泄漏,废弃物临时堆放污染痕迹
2	相邻场地的现状与历史情况
2.1	相邻场地的使用现况与可能存在的污染
2.2	过去使用过程中留下的可能造成土壤和地下水污染的异常迹象,如罐、槽泄漏,废弃物临时堆放污染痕迹
3	周围区域的现状与历史情况
3.1	对于周围区域目前或过去土地利用的类型,如住宅、商店、工厂等,应尽可能观察和记录
3.2	周围区域废弃和正在使用的各类井,如水井等
3.3	废弃物的储存和处置设施
3.4	地面上的沟/河/池
3.5	地表水体、雨水排放和径流及道路和公用设施
4	地质、水文地质、地形的描述
4.1	对场地及其周围区域的地质、水文地质与地形进行观察、记录,并加以分析,以协助判断周围污染物是否会迁移到调查场地,以及场地内污染物是否会迁移到地下水和场地之外

4.1.3 人员访谈

人员访谈的内容包括资料分析和现场踏勘所涉及的问题,由调查人员提前准备设计。受访者为场地现状或历史的知情人,包括场地过去和现在的不同阶段使用者以及场地所在地或熟悉当地事物的第三方,如邻近场地的工作人员、过去的雇员和附近的居民等。访谈采取当面交流、电话交流、电子或书面调查表等方式进行。对访谈所获得的内容应进行整理,并对照已有资料,对其中可疑处和不完善处进行再次核实和补充。主要的访谈方式及内容见表 4.1-3。人员访谈记录表格参考模板见表 4.1-4。

表 4.1-3 "人员访谈"工作表(示例)

序号	访谈方式	访谈人员	访谈内容
1	当面交流	某企业相关责任人	前期资料收集和现场踏勘所涉及疑问的核实,信息的补充,已有资料的考证
2	现场走访	某企业员工、环保主管部门、当地居民等	现场场地调查范围的确定和指认
3	会议交流	某企业相关责任人、员工、环保主管部门等	现场获取信息与土壤地下水特征污染物及该地块使用历史的相关性的核实

表 4.1-4 人员访谈记录表格(示例)

地块名称	某地块
访谈日期	年 月 日
访谈人员	姓名: 单位: 联系电话:
受访人员	受访对象类型:□土地使用者 □企业管理人员 □企业员工 □政府管理人员 □环保部门管理人员 □地块周边区域工作人员或居民 姓名: 单位: 职务或职称: 联系电话:
访谈问题	1. 本地块历史上是否有其他工业企业存在? □是 □否 □不确定 若选是,企业名称是什么? _____ 起止时间是_____ 2. 本地块内目前职工人数是多少?(仅针对在产企业提问)_____

<table>
<tr><td rowspan="13">访谈问题</td><td>3. 本地块内是否有任何正规或非正规的工业固废堆放场？
□正规　□非正规　□无　□不确定
若选是，堆放场在哪？_____
堆放什么废弃物？_____</td></tr>
<tr><td>4. 本地块内是否有工业废水排放沟渠或渗坑？□是　□否　□不确定
若选是，排放沟渠的材料是什么？_____
是否有无硬化或防渗的情况？_____</td></tr>
<tr><td>5. 本地块内是否有产品、原辅材料、油品的地下储罐或地下输送管道？
□是　　□否　　□不确定
若选是，是否发生过泄漏？□是(发生过__次)　□否　□不确定</td></tr>
<tr><td>6. 本地块内是否有工业废水的地下输送管道或储存池？□是　□否　□不确定
若选是，是否发生过泄漏？□是(发生过__次)　□否　□不确定</td></tr>
<tr><td>7. 本地块内是否曾发生过化学品泄漏事故？或是否曾发生过其他环境污染事故？
□是(发生过__次)　□否　□不确定
本地块周边邻近地块是否曾发生过化学品泄漏事故？或是否曾发生过其他环境污染事故？
□是(发生过__次)　□否　□不确定</td></tr>
<tr><td>8. 是否有废气排放？□是　□否　□不确定
是否有废气在线监测装置？□是　□否　□不确定
是否有废气治理设施？□是　□否　□不确定</td></tr>
<tr><td>9. 是否有工业废水产生？□是　□否　□不确定
是否有废水在线监测装置？□是　□否　□不确定
是否有废水治理设施？□是　□否　□不确定</td></tr>
<tr><td>10. 本地块内是否曾闻到过由土壤散发的异常气味？□是　□否　□不确定</td></tr>
<tr><td>11. 本地块内危险废物是否曾自行利用处置？□是　□否　□不确定</td></tr>
<tr><td>12. 本地块内是否有遗留的危险废物堆存？(仅针对关闭企业提问)
□是　□否　□不确定</td></tr>
<tr><td>13. 本地块内土壤是否曾受到过污染？□是　□否　□不确定</td></tr>
<tr><td>14. 本地块内地下水是否曾受到过污染？□是　□否　□不确定</td></tr>
<tr><td>15. 本地块周边 1 km 范围内是否有幼儿园、学校、居民区、医院、自然保护区、农田、集中式饮用水水源地、饮用水井、地表水体等敏感用地？
□是　□否　□不确定
若选是，敏感用地类型是什么？距离有多远？(根据实际情况填写)

若有农田，种植农作物种类是什么？(根据实际情况填写)</td></tr>
</table>

访谈问题	16. 本地块周边 1 km 范围内是否有水井？（根据实际情况填写） □是　□否　□不确定 若选是，请描述水井的位置。_____ 距离有多远？_____ 水井的用途是什么？_____ 是否发生过水体混浊、颜色或气味异常等现象？□是　□否　□不确定 是否观察到水体中有油状物质？□是　□否　□不确定
	17. 本区域地下水用途是什么？周边地表水用途是什么？（根据实际情况填写） _____
	18. 本企业地块内是否曾开展过土壤环境调查监测工作？ □是　□否　□不确定 是否曾开展过地下水环境调查监测工作？□是　□否　□不确定 是否开展过场地环境调查评估工作？ □是(□正在开展　□已经完成)　□否　□不确定
	19. 其他土壤或地下水污染相关疑问。

4.2 地块使用历史

地块使用历史主要为调查地块所涉及的企业生产情况，主要包括企业生产项目建设、运行情况、生产工艺流程、物料使用、生产设备、三废产生、处置及排放情况。本节以苏北某涉重企业地块为例，详细叙述了企业生产项目的环保手续履行、建设和运行情况，梳理了企业生产工艺流程、原辅料和生产设备使用情况，展开说明了企业废水、废气和固废的产生、处置及排放情况。

4.2.1 企业基本信息

本次调查区域位于某涉重企业内，该企业是一家生产再生铅和蓄电池的企业，该企业于 2007 年开始建设年产铅 10 万 t、40 万只免维护蓄电池建设项目，项目分两期投产：一期为年产 10 万 t 再生铅项目，于 2007 年开始建设，2008 年 4 月建成并通过竣工环保验收后正式投产，由于市场因素及环保要求，年产 10 万 t 再生铅项目于 2010 年底停产并拆除；二期为 40 万只免维护蓄电池项目，于 2011 年 5 月开始建设，2012 年 7 月建成开始试生产，于 2014 年 11 月通过竣工环保验收后正式投产，但由于金融借贷纠纷，二期项目于 2018 年底停产。详见表 4.2-1。

表 4.2-1　该企业环保手续

序号	建设项目	产品规模	环评审批情况	环保验收情况	备注
1	年产 10 万 t 再生铅、40 万只免维护蓄电池建设项目一期	年产 10 万 t 再生铅	2007 年 6 月 6 日取得环评批复	2008 年 4 月通过环保验收	2010 年底停产并拆除
2	年产 10 万 t 再生铅、40 万只免维护蓄电池建设项目二期	年产 40 万只免维护蓄电池	2014 年 7 月 24 日取得环评批复	2014 年 11 月通过环保验收	2018 年底停产

　　该企业年产 10 万吨再生铅、40 万只免维护蓄电池建设项目一期、二期平面布置图分别见图 4.2-1 和图 4.2-2。

图 4.2-1　一期平面布置图(2008—2010 年)

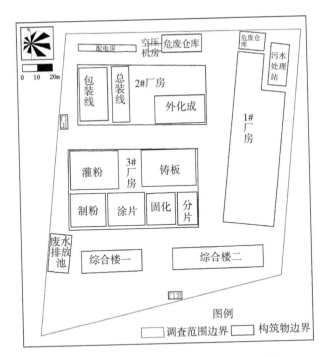

图 4.2-2　二期平面布置图(2014—2018 年)

4.2.2　企业生产工艺

该企业已建设 1 个项目,即"年产 10 万 t 再生铅、40 万只免维护蓄电池项目"。产品方案见表 4.2-2。

表 4.2-2　全厂产品方案表

主体工程名称	产品名称	设计能力	生产时间
铅锭生产线	铅锭(再生铅、合金铅、精铅)	再生铅、合金铅 8 万 t; 精铅 2 万 t	7 200 h
蓄电池生产线	密封式免维护蓄电池	40 万只/a	

1. 铅锭生产工艺流程(图 4.2-3)

工艺流程说明:

先对废蓄电池进行放酸处理,得到膏泥。

采用拆解机械对废蓄电池固体部分进行机械拆解。一般废蓄电池可拆解为塑料外壳、铅膏、栅板。塑料外壳经过清洗后得到塑料外壳副产物加以回收;拆解得到的栅板为金属铅,采用熔化锅加热熔化的工艺进行精炼得到合金铅。

经过拆解分离筛下的膏泥浆料先采用离心机过滤处理,分离出铅膏与废液。然后在专用的不锈钢脱硫筒中以一定比例投加碳酸钠,在一定的条件下进行脱硫处理,所得的碳酸铅铅膏进入压滤系统进行压滤处理后,得到滤液和含碳酸铅的铅膏。

离心过滤的废液与压滤得到的废液混合后收集回收利用。

得到的碳酸铅部分与铁屑、生石灰、纯碱等物料混合,投加到短窑中升温熔炼,进行置换反应和造渣、冷却,到一定的反应时间,将短窑中的熔炼物倒出,由于铅的比重大,渣和铅能明显分层,上部分形成废渣,下部分形成铅锭。熔炼中将有铅尘、铅烟、粉尘、二氧化硫等污染物产生。生成的再生铅一部分在熔化锅中加碱熔化去除其中的铜、铁等金属元素,得到精铅。

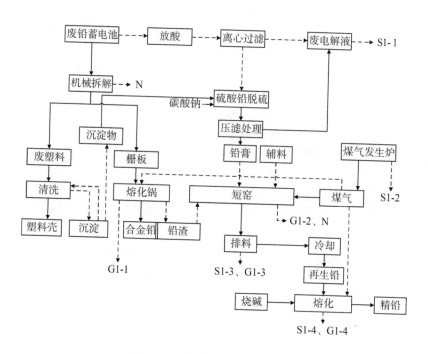

图 4.2-3 铅锭生产工艺流程图

(注:G—废气;N—噪声;S—固废)

2. 蓄电池生产工艺流程(图 4.2-4)

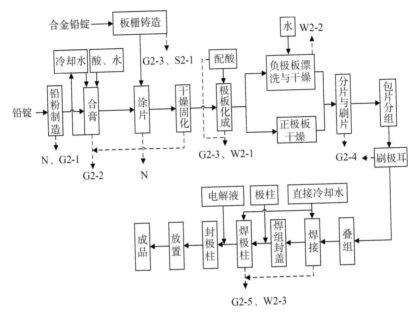

图 4.2-4 蓄电池生产工艺流程及产污环节

注:①G—废气;W—废水;S—固废。②正极膏的配方为铅粉、纯水、硫酸和添加剂(成分为硫酸钡、炭黑、松香);负极膏的配方为铅粉、纯水、硫酸、膨胀剂(成分为硫酸钡、炭黑、松香)。

1) 工艺流程说明

(1) 制粉:采用球磨法制造铅粉,球磨机制造铅粉配有布袋等收粉设备,生产过程中有废气和噪声产生。

(2) 和膏:采用和膏生产设备和膏,铅粉从铅粉储存机输送至和膏工段,铅粉经自动称量后加入已配置好的酸和纯水、助剂,在和膏机中搅拌成膏,和膏过程中有铅尘产生。

铅膏分为正极膏和负极膏。正极膏的配方为铅粉、纯水、硫酸、添加剂(成分为硫酸钡、炭黑、松香);负极膏的配方为铅粉、纯水、硫酸、膨胀剂(成分为硫酸钡、炭黑、松香)。和膏过程中采用冷却水对设备进行冷却,加水要快,防止金属大量氧化,再缓慢加入已配置好的酸和水混合,当铅膏的密度和稠度合适时即可供涂板机使用。

(3) 板栅铸造:采用铸板机铸造板栅,将配好的铅锭合金熔化,注入模具冷却凝固成型。该工段产生的污染物为含铅废气。铸板机主要由电热熔铅炉、离心定量泵、铸板机、废边返回、水冷装置、电控等部分组成。有铅烟产生。

(4) 涂片：将铅膏涂在板栅上，形成生极板。涂板生产线由板上料机、带式涂板机、极板干操炉、收片机组成。

(5) 固化干燥：固化干燥在极板干燥设备中进行，分为初步干燥和极板固化。初步干燥：该工艺采用全热风循环干燥方式，对运行中的生极板上下表面同时吹热风进行快速干燥，使生极板表面初步干燥，防止粘连，为下一步生极板固化创造良好条件。极板固化：在固化干燥室内进行，该系统在无人值守的情况下，能自动完成生极板固化和干燥的全过程，具有运行稳定、控制精确、操作简单、节约能源等特点。该工段有铅尘产生。

(6) 极板化成、漂洗、干燥：正、负极板在直流电的作用下，与稀硫酸进行氧化还原反应生成氧化铅，再通过清洗、干燥即可用于电池装配。该工段有硫酸雾和废水产生。

(7) 分片、刷片：极板从板栅铸造开始就做成双片，这样可提高工作效率。经过涂片、固化干燥后需要将双片极板分开，同时清除附着在极板周围的铅膏物质。锯片式分片机一次可分开重叠厚度为 50 mm 的板栅，为手工操作。该工段产生的废气中含铅尘。

(8) 包片分组：采用手工分组，将负极板、隔板和正极板按正确的顺序和数量配组。

(9) 刷极耳：采用人工操作刷去极耳周围的铅膏等氧化物，使之易于焊接。该工段产生的废气含铅尘。

(10) 极群焊接：极群焊接分为全自动和半自动焊接，半自动焊接是借助极柱汇流排和焊条，将分组好的多片极板的耳部焊在一起，全自动焊接采用铸焊机将极柱与极耳铸在一起。此过程中产生含铅废气。

(11) 电池装配、热封：将铸好的极群放入电池槽内，用联结条将各个体电池联成电池组，焊好的电池进入热封工段，将电池槽口和槽盖（聚丙烯塑料）的底部用电热板加热至适当的温度使之呈软化状态，然后持完整的槽盖加压在一起，使其粘合，固化成一个整体。

(12) 端子焊接：将正、负接线端子焊在热封好的电池之上。

(13) 二封：将板柱密封。

2）产污节点说明

（1）废气

① 煤气发生炉将煤转化为煤气的过程中会产生含硫化氢、有机硫、粉尘等的废气，该企业采用高炉煤气干法除尘器对煤气进行预处理，去除其中的粉尘后，煤气将作为燃料直接进入熔、炼系统，含硫废气进入短窑转化为 SO_2 后，与炉中的纯碱和石灰反应得到部分去除。

② 铅锭生产过程中产生的粉尘、铅尘、烟、SO_2 废气通过 1 个排气筒排放，排气筒高 50 m。

③ 合金铅生产、短窑排料、精铅熔炼产生的铅烟先用覆盖剂覆盖处理，排出的烟气再采用 HKE 铅烟净化装置处理，最后尾气进入烟道排入总排气筒。

④ 铅粉制造产生的铅尘通过 1 个排气筒排放，排气筒高 20 m。

⑤ 分片和刷片、刷极耳工段分别产生废气量不等的含铅废气（铅尘），通过 2 个排气筒排放，排气筒高度为 15 m。

⑥ 板栅铸造、半自动极群、极组焊接等工段分别产生废气量不等的含铅废气（铅烟），通过 2 个排气筒排放，排气筒高度为 15 m。

⑦ 配电解液、固化干燥工段和极板化成、干燥工段分别产生废气量不等的酸性废气，通过 4 个排气筒排放，排气筒高度为 15 m。

（2）废水

该涉重企业产生的废水包括：化成、极板洗涤工段所产生的含铅水；纯水制备过程中所用的离子交换器产生的废水；设备和地面冲洗污水；端子焊接工段的冷却水；废气处理过程中产生的废水；职工生活所产生的生活污水。

（3）固体废物

该涉重企业产生的固体废物包括：铅粉制造和配合金工段产生的铅渣和铅泥；ZYE 铅酸废水综合处理系统所产生的含铅污泥；铅烟铅尘废气净化除尘设施所产生的铅；检测工段所产生的不合格产品；煤气发生炉所产生的燃煤炉渣及除尘所产生的粉煤灰；短窑、熔化炉产生的废渣；职工生活所产生的生活垃圾。

（4）噪声

该企业产生的噪声包括：分解机、引风机、铅粉机、分片机、切割机、压缩机等机械设备所产生的机械噪声，噪声源强值为 15～95 dB(A)。

4.2.3 企业原辅材料

该涉重企业生产的产品为铅锭和蓄电池。

1. 铅锭

铅锭生产主要原辅材料消耗见表4.2-3。

表4.2-3 铅锭生产主要原辅材料消耗表

序号	名称	单耗（kg/t铅锭）	年消耗量（t/a）	来源及运输
1	废蓄电池	1 519.28	151 928	汽车运输
2	铁	110.00	11 000	外购、汽车运输
3	生石灰	10.00	1 000	外购、汽车运输
4	纯碱	1.00	100	外购、汽车运输
5	SRQF覆盖剂	0.06	6（按照合金铅4 t和电解铅2 t用量计算）	外购、汽车运输
6	烧碱	20.00	400	外购、汽车运输

2. 蓄电池

蓄电池主要原辅材料消耗见表4.2-4。

表4.2-4 蓄电池主要原辅材料消耗表

产品名称	名称	重要组分、规格、指标	单耗（kg/只）	年消耗量（t/a）	来源及运输
蓄电池	铅锭	含铅99.97%，含砷0.000 2%	10.25	4 100	自制
	铅锭合金	含铅98%，含钙、锡、铝分别为0.06%、0.9%、0.04%，含0.98%其他微量杂质	10.00	4 000	国内市场采购，车运
	电解液用硫酸	H_2SO_4，98%	0.855	342	
	化成用硫酸	H_2SO_4，98%	0.05	20	
	电池壳	PVC	—	40万只	当地采购，车运
	隔板	PVC	54片	216万片	南京、浙江采购，车运
	汇流排	铅	0.066	26.4	当地市场采购、车运
	正极膏添加剂	硫酸钡、炭黑、有机物	0.000 75	0.3	当地市场采购、车运
	负极膏添加剂		0.32	128	当地市场采购、车运
	水		10.75	4 300	
	电解液		2.50	1 000	自制

主要原辅材料理化性质和有毒有害性见表4.2-5。

表 4.2-5 主要原辅材料理化性状和有毒有害性一览表

序号	原料及产品	理化性状	有毒有害性	燃烧爆炸性
1	废蓄电池	—	危险废物	—
2	铅	灰白色金属,原子量207.2,比重11.34,熔点327.5 ℃,沸点1 620 ℃,加热至1 200 ℃时即有铅蒸汽逸出,并在空气中迅速氧化成氧化亚铅,而凝集为烟尘,随着熔铅温度的升高,可进一步氧化为氧化铅,三氧化二铅、四氧化三铅,但都不稳定,最后离解为氧化铅和氧	① 铅可引起血红蛋白合成障碍;② 铅还可直接作用于红细胞,抑制红细胞膜 NA+/K+—ATP 酶活性,影响水钠调节;③ 铅会抑制干扰神经系统功能,如意识、行为及神经效应等的改变,还能对脑内茶酚胺代谢产生影响,使脑内和尿中高香草酸(HVA)和香草扁桃酸(YMA)显著增高,最终导致铅毒性脑病和周围神经病;④ 铅能引起神经衰弱、多发性神经病和脑病	—
3	硫酸	分子量98.08,无色透明油状液体,能以任何比例溶于水。98.3%的硫酸比重1.834,熔点10.49 ℃,沸点338 ℃,340 ℃时分解	大鼠经口LD50:2140 mg/kg	—
4	氢氧化钠	白色不透明固体,易潮解。熔点318.4℃;沸点1 390℃;饱和蒸气压(kPa):0.13(739 ℃);易溶于水、乙醇、甘油,不溶于丙酮	家兔经眼:1%重度刺激;家兔经皮:50 mg/24 h,重度刺激	禁配物:强酸、易燃或可燃物、二氧化碳、过氧化物、水

4.2.4 主要生产设备

1. 铅锭生产车间

铅锭生产车间设备详见表4.2-6。

表 4.2-6 铅锭生产设备一览表

序号	名称	产品规格型号	数量(合)	产地
1	蓄电池破碎机	AB-X3	5	上海
2	熔化锅		5	山东
3	滚筛		2	

序号	名称	产品规格型号	数量（合）	产地
4	离心机		5	
5	压滤机		3	
6	短窑	回转式 φ3 500×3 000 mm	4	引进技术
7	引风机	191 型	2	山东

2. 蓄电池生产线

蓄电池生产线设备详见表 4.2-7。

表 4.2-7 蓄电池生产线主要设备一览表

名称	型号	数量	制造商
铅粉机	SF-24S	1	三环
和膏机	SH-1000 型	2	三环
涂片机	ST-350	2	三环
化成设备	极板联合化成	3	三环
配酸设备	HK-5 型	1	三环
注酸机	800 * 8	2	三环
冷酸机	SHK-LS-750	2	三环
纯水制备设备	0.5 t/h	1	广州中科
废水处理设备	ZYE	1	中科院广州分院
冷却塔	CBL-50	2	常州玻璃钢厂
铸焊机	COS/SSE	3	沈阳
极耳切割机	PSB-P	3	湖南中南
气密性检验机	XQM—700TG	3	南京中观
全自动热封机	XQD—700TG	3	南京中观
全自动干燥机	XQC—700TG	30	广州中科
全自动固化机	IPC—110	12	广州中科
半自动焊接机	IIIX 型	4	武汉长江电信

名称	型号	数量	制造商
电池高度定位机	XLD—700TG	1	南京中观
真空充放电机	KGCFA200A/300V	30	广州中科
装配线	—	10	广州中科
检测	—	2	广州中科

4.2.5 主要污染源

1. 大气污染物排放情况

根据《某企业年产 10 万 t 再生铅、40 万只免维护蓄电池建设项目环境影响报告书》可知,某企业主要废气污染源具体如下:

1) 有组织废气

(1) 短窑熔炼:短窑采用煤气作为能源,全年平均需煤气 20 272 000 m^3,空气供量按照煤气:空气＝1:6.8 供给。熔炼生产过程中将产生粉尘、铅尘。短窑进料排料阶段有粉尘产生,采取的措施为采用螺杆泵投加物料,同时进料时使进料口处于负压状态,收集产生的粉尘,熔好的铅液进入收集器后投加一定厚度的 SRQF 覆盖剂对铅液进行覆盖。经过脱硫处理后的铅膏还有 15% 的硫酸铅,含硫量约为 360 t,在熔炼过程中,将有 20% 的硫部分转化为二氧化硫,年二氧化硫产生量为 144 t。熔炼好的窑料冷却到一定温度后开门投料,铅烟已经很少,溢出的铅烟通过负压收集的方式进入短窑尾气处理系统处理。

(2) 磨粉:磨粉过程中的铅粉一部分采用旋风、脉冲布袋集粉器收集后,再采用水雾除尘器除尘后进行排放。

(3) 板栅铸造:铸造过程中将产生铅烟。

(4) 配液、极板化成与干燥:极板化成与干燥过程中将产生酸雾。

(5) 刷片、分片、刷极耳:刷片与分片、刷极耳过程中将产生铅尘。

(6) 焊组与焊极柱:焊组与焊极柱铸造过程中将产生铅烟。

有组织废气污染物排放状况见表 4.2-8。

表 4.2-8 有组织废气污染物排放状况

种类	编号	污染源名称	排气量 (m³/h)	污染物名称	产生状况 浓度 (mg/m³)	产生状况 速率 (kg/h)	治理措施	去除率 (%)	排放状况 浓度 (mg/m³)	排放状况 速率 (kg/h)	排放状况 排放量 (t/h)	排放高度 (m)	排放方式
熔炼废气	1	短窑板栅、精铝熔化锅	22 000	烟尘（铅尘除外）	19 318	425.00	对于短窑的粉尘：采用旋风除尘预处理加气窑进料过程中处于负压状态，收集产生的污染物；对于短窑的铝尘与铝烟，旋风除尘预处理加气动脉冲除尘。	99.90	19.32	0.425	3.06	50	烟道连入烟囱排放
	2			铅尘、铝烟	700	15.27	对于板栅、精铝熔化锅产生的铅烟：投加 SRQF 覆盖剂抑制铅烟的产生，同时对于溢出的铅尘采用负压系统收集进入短窑废气处理系统；	99.90	0.70	0.015	0.11		
				二氧化硫	1 275	28.05	对于二氧化硫：在尾气的最后进行处理，采用湿法流式烟气脱硫，脱硫的同时能去除部分粉尘。	85.00	191.25	4.210	30.30		
蓄电池车间废气	3	制粉	7 000	铅尘	16 286	114.00	旋风除尘＋脉冲布袋＋水雾除尘器除尘	99.95	8.14	0.057	0.41	20	排入大气
	4	板栅铸造		铅烟			HKE 铝烟净化装置						
	5	焊组与焊极柱	9 500	铅烟	31.4	0.30		99.00	0.32	0.003	0.02	15	

续表

种类	编号	污染源名称	排气量 (m³/h)	污染物名称	产生状况		治理措施	去除率 (%)	排放状况			排放高度 (m)	排放方式
					浓度 (mg/m³)	速率 (kg/h)			浓度 (mg/m³)	速率 (kg/h)	排放量 (t/h)		
蓄电池车间废气	6	刷片、打磨	3 000	铅尘	153	0.46	脉冲式布袋除尘器	99.50	0.77	0.002 3	0.018	15	排入大气
	7	极板干燥、固化	4 000	硫酸雾	270	1.08	废气经风道、集酸箱一级拦截，再经BSG型玻璃缸净化塔，由风机压入净化塔，经四级钠碱淋及两层填料，与氢氧化钠反应后排放。双吸式抽风道密闭方式可采用卷帘或盖板两种形式。	90.00	27.00	0.100	0.72	15	
		极板化成											

2) 无组织废气

（1）废铅蓄电池拆解过程中会产生无组织废气,该项目的废铅蓄电池拆解全部采用机械进行,同时废铅蓄电池拆解在密封的构筑物中进行,粉尘采用袋式滤尘器进行收集,收集的粉尘回用。

（2）极板、板栅和精铅熔化锅运行过程中会产生铅烟,锅熔化铅的过程中,投加 SRQF 覆盖剂对铅进行覆盖,可以有效地避免铅烟产生。

（3）极板化成车间运行中有部分硫酸雾将无组织排放。

无组织废气污染物排放状况见表 4.2-9。

表 4.2-9　无组织废气污染物排放状况

污染源位置	污染物	污染源强(t/a)	面源面积(m²)	面源高度(m)
蓄电池生产区	硫酸	1.25	1 000	10

2. 水污染物排放状况

根据《某企业年产 10 万 t 再生铅、40 万只免维护蓄电池建设项目环境影响评价修编报告》可知,该企业主要废水污染源具体如下:

全厂废水排放量约为 27 720 t/a,其中生活废水约 6 720 t/a,工艺废水约 21 000 t/a,主要污染因子为 pH、氨氮、SS、Pb 等,具体污染物产生及排放情况见表 4.2-10。

3. 固废产生情况

该企业使用的原材料为废蓄电池,处理和回收工艺过程中有废渣、废料产生,蓄电池生产车间有废渣产生,废气处理和废水处理过程中有污泥产生。固体废物主要产生源、产生量及处理方式见表 4.2-11。

表 4.2-10　全厂水污染物产生及排放情况表

排放源	污染物指标	废水量（t/a）	产生浓度（mg/L）	产生量（t/a）	处理措施	排放浓度（mg/L）	排放量（t/a）
生活污水	COD_Cr	6 720	350	2.35	经化粪池处理后排入北区化工园区污水处理厂	350	2.35
	SS		250	1.68		250	1.68
	NH_3-N		35	0.24		35	0.24
	TP		3	0.02		3	0.02
工艺废水	化成废气处理废水 pH（无量纲）		—	—	经厂区污水处理站处理后，部分用于厂区绿化，约有 21 000 t 废水排入北区化工园区污水处理厂	根据监测报告，pH 为 6.84，COD_Cr 为 23.7 mg/L，氨氮为 0.813 mg/L，SS 为 97 mg/L，Pb 为 0.269 mg/L	COD_Cr 为 0.50 t/a，氨氮为 0.018 t/a，Pb 为 0.005 6 t/a，SS 为 2.04 t/a
	COD_Cr	100	30	0.003			
	SS		200	0.02			
	内化成冷却水 pH（无量纲）		—	—			
	SS	154 000（回用 132 000 t，回用率 85.7%）	200	30.8			
	Pb		1.5	0.023			
	COD_Cr		30	4.62			
	设备、地面冲洗水 pH（无量纲）		—	—			
	SS	20 400（回用 12 000 t，回用率 58.8%）	200	4.08			
	Pb		1.5	0.03			
	COD_Cr		30	0.61			
	NH_3-N		1.5	0.03			
合计						COD_Cr 为 2.85 t/a，氨氮为 0.26 t/a，SS 为 3.72 t/a	总磷为 0.02 t/a，Pb 为 0.005 6 t/a

表 4.2-11　固体废物产生情况表

名称	来源	分类编号	性状	产生量（t/a）	主要成分	含水率
废渣	熔炼、熔化车间			25 127.53	铅，其他含钙、铁废渣	—
SRQF废渣	熔化车间的废覆盖剂				废覆盖剂、铅	—
废滤布（废电解液过滤使用）	过滤车间	W31	固态	3.00	滤布、铅泥	—
蓄电池部分废水处理污泥	—			2.00	废活性炭、铅	—
铸造、焊接铅渣	铸造、焊接			5.20	铅	—
烟气脱硫渣	短窑烟气脱硫			450.00	亚硫酸钙、铅	20%
废电解液	拆解车间	W34	液态	28 214.20	硫酸、硫酸钠与水	95%
废气处理废液	—	—	—	40.00	钠盐	70%
生活垃圾		99	固态	40.00	—	—
合计				54 821.93		

4.3　地块环境污染识别

本节以苏北某涉重企业地块为例，识别地块环境污染分布区域及其对应的污染因子，明确了土壤和地下水检测项目。

地块环境污染区域识别应判断场地污染分布特征，分布特征一般分为三种：第一种为基本均匀分布的污染场地；第二种为块状均匀分布的污染场地（存在多个污染源，但按使用功能或污染物种类分块后，污染物在分块内分布基本均匀）；第三种为极不均匀分布的污染场地（存在多个污染源和多种污染物且无分块化特征的污染场地）。

地块污染因子识别应分为两个步骤：首先列出污染物初步测试清单；然后筛选测试分析的污染物。

污染因子识别步骤一：

通过以下途径获得并列出污染物初步测试清单：① 国内外类似污染场地调查、监测与修复活动中检出与评价的化学物质；② 调查场地以往水土介质、分析测试资料中检出的化学物质；③ 调查场地（特别是工矿企业污染场地）生产及经营活动中存在的化学物质（原料、中间产物、产品等）以及在场地环境中经化学、生物作用过程可能转化形成的化学物质。

污染因子识别步骤二：

以初步测试清单中的污染物为基础，筛选测试分析的污染物，筛选的污染物要同时满足以下三个条件：① 对人类健康危害大的污染物，以急性毒性值、慢性毒性值和"三致"（致突变性、致畸性、致癌性）毒性值综合评估化学物质的毒性；② 国内外土壤和地下水质量标准或污染风险评价标准中列出的污染物；③ 我国大多数实验室具有检测标准方法和质量控制体系的污染物。

4.3.1 污染区域识别

本次调查地块位于工业园区内，属于工业用地。根据已收集资料，调查地块历史生产活动中涉及某涉重企业。综合考虑该地块历史情况和现场踏勘结果，调查地块内疑似污染区域的选择将重点关注以下区域：

（1）根据已有资料或前期调查表明可能存在污染的区域；

（2）曾发生泄漏或环境污染事故的区域；

（3）各类地下罐槽、管线、集水井、检查井等所在的区域；

（4）固体废物堆放或填埋的区域；

（5）原辅材料、产品、化学品、有毒有害物质以及危险废物等生产、贮存、装卸、使用和处置的区域；

（6）其他存在明显污染痕迹或存在异味的区域。

根据上述疑似污染区域识别原则，结合该地块历史情况和现场踏勘结果，识别了该地块疑似污染区域，详见表4.3-1。

表 4.3-1　疑似污染区域识别一览表

序号	疑似污染区域	识别依据	主要特征污染物
1	1#厂房	涉及加酸、充电生产工段硫酸的使用;车间有废水收集池;车间周围有喷淋设施,作为疑似污染区域纳入生产车间;地表有防腐防渗层,但存在裂缝,生产过程中可能存在原辅材料、危险废物等污染物迁移风险,或非正常工况下的跑冒滴漏风险	硫酸、氢氧化钠、碳酸钠、石油烃（$C_{10} \sim C_{40}$)
2	2#厂房	涉及加酸、充电、包装生产工段硫酸的使用;车间有废水收集池;车间周围有喷淋设施,作为疑似污染区域纳入生产车间;地表有防腐防渗层,但存在裂缝,生产过程中可能存在原辅材料、危险废物等污染物迁移风险,或非正常工况下的跑冒滴漏风险	硫酸、氢氧化钠、碳酸钠、石油烃（$C_{10} \sim C_{40}$)
3	3#厂房	涉及制粉、灌粉、涂片、固化、分片、铸板生产工段铅的使用;车间有废水收集池,车间内有布袋除尘等废气处置设施,车间周围有喷淋设施,作为疑似污染区域纳入生产车间;地表有防腐防渗层,但存在裂缝,生产过程中可能存在原辅材料、危险废物等污染物迁移风险,或非正常工况下的跑冒滴漏风险	铅、铜、铝、铍、钴、钒、锑、锌、硫酸、砷、石油烃($C_{10} \sim C_{40}$)
4	危废仓库	涉及废渣、SRQF废渣、废滤布（废电解液过滤使用）、蓄电池部分废水处理污泥,铸造、焊接铅渣,烟气脱硫渣,废电解液的贮存,地面有防腐防渗层,无明显裂缝,转运过程中门口可能存在洒落渗漏的风险	铅、铜、铝、铍、钴、钒、锑、锌、硫酸、砷、石油烃($C_{10} \sim C_{40}$)
5	污水处理站	涉及铅、硫酸、铜、盐酸、铝、石油烃等污染物的废水处理,日处理约 1 200 t废水;使用时间约 6 a,使用历史较久,存在渗漏风险	铅、铜、铝、铍、钴、钒、锑、锌、硫酸、砷、石油烃($C_{10} \sim C_{40}$)

4.3.2　污染因子识别

　　该企业主要产品为再生铅和免维护蓄电池,生产过程中排放的废气污染物主要包括烟尘、二氧化硫、铅尘、硫酸雾等;废水污染物包括化学需氧量、悬浮物、氨氮、磷、铅等;固体废物主要为熔炼废渣、SRQF废渣、废滤布（废电解液过滤使用）、蓄电池部分废水处理污泥,铸造焊接铅渣,烟气脱硫渣、废电解液、废气处理废液、生活垃圾等。根据厂区车间生产工艺、原辅材料及排放污染物,初步判断特征污染因子主要为:铅、铜、铝、砷、铍、钴、钒、锑、锌、硫酸、氢氧化钠、碳酸钠、石油烃($C_{10} \sim C_{40}$)等。

1. 土壤检测项目

基本项目:硫酸、氢氧化钠实测 pH,铅、铜、砷属于《土壤环境质量 建设用地土壤污染风险管控标准(试行)》(GB 36600—2018)中"表 1 建设用地土壤污染风险筛选值和管制值(基本项目)"45 项指标。

其他特征污染物:铍、钴、钒、锑、锌、石油烃($C_{10} \sim C_{40}$)。

不测项目:通过查询国家分析测试中心提供的特征污染物分析方法汇总表和国内相关标准发布网站等信息,未发现铝、碳酸钠的检测方法,因此该两项不进行检测。

最终确定的该地块土壤检测项目见表 4.3-2。

表 4.3-2 土壤检测项目

类别	应测项目		不测项目
	基本项目	其他特征污染物	
指标	45 项(含特征污染物)+pH	铍、钴、钒、锑、锌、石油烃($C_{10} \sim C_{40}$)	铝、碳酸钠

注:硫酸、氢氧化钠实测 pH。

2. 地下水检测项目

基本项目:硫酸、氢氧化钠实测 pH,铅、铜、砷属于《土壤环境质量建设用地土壤污染风险管控标准(试行)》(GB 36600—2018)中"表 1 建设用地土壤污染风险筛选值和管制值(基本项目)"45 项指标;硫酸实测 pH 和硫酸盐,氢氧化钠实测 pH 和钠,碳酸钠实测钠,钠、pH、硫酸盐、锌、铝均属于《地下水质量标准》(GB/T 14848—2017)中"表 1 地下水质量常规指标及限值"的感官性状及一般化学指标。

其他特征污染物:铍、钴、钒、锑、石油烃($C_{10} \sim C_{40}$)。

最终确定的该地块地下水检测项目见表 4.3-3。

表 4.3-3　地下水检测项目

类别	应测项目		不测项目
	基本项目	其他特征污染物	
指标	45 项(含特征污染物)＋pH＋GB/T 14848—2017 中的常规因子 24 项	铍、钴、钒、锑、石油烃($C_{10}\sim C_{40}$)	无

注:硫酸实测 pH 和硫酸盐,氢氧化钠实测 pH 和钠,碳酸钠实测钠。

4.4　地块水文地质勘察

　　土壤地块调查水文地质勘察可参考该地块工程地质勘察报告,内容主要包括地块地质层划分、水文地质条件、岩石层透水性评价和土层理化性质等。

　　以该涉重企业的《工程地质勘察报告》为参考,本次勘察共布设机钻孔 5 个(各地勘钻孔位置及钻孔深度见表 4.4-1),采用野外钻探地质描述与室内岩土试验相结合的方法,对地基岩土进行对比分析、综合评价。钻探采用 GXY—1A 型钻机,选用优质泥浆护壁、回转钻进,开孔直径 146 mm,终孔直径 110 mm;对黏性土采用静压法或重锤少击法获取原状土样,对粉土、砂土采用取土器进行取样,取土前严格做好清孔护壁工作,确保取土质量。室内试验除进行常规物理试验外,还进行了压缩试验、颗粒分析试验、有机质含量分析试验及渗透试验。

表 4.4-1　各地勘钻孔位置及钻孔深度

钻孔	钻进深度(m)	水位埋深(m)	水位标高(m)
1#	20	15.5	8.5
2#	22	3.6	20.4
3#	20	1.1	22.9
4#	20	1.6	22.4
5#	20	2.0	22.0

4.4.1 场地地形、地貌

勘察场地地形平缓。场地地貌单元为黄海冲积平原。

4.4.2 场地地质层划分

根据野外钻探、原位测试,结合室内土工试验,场地地层自上而下为:

①层,杂填土(Q^{ml}):杂色,主要以块石、矿渣等为主,含少量黏性土,结构松散,钻孔表部为约 30 cm 混凝土地坪。

②-1 层,粉质黏土(Q_4^{al}):褐黄色,切面光滑,干强度中等,韧性中等,含铁锰结核及少量钙质结核,硬塑,局部可塑,中压缩性。

②-2 层,黏土(Q_4^{al}):褐黄色,切面光滑,干强度中等,韧性中等,含铁锰结核及少量钙质结核,硬塑。中压缩性。

②-3 层,粉质黏土(Q_4^{al}):褐黄色,混少量细砂,可塑。中压缩性。

②-4 层,中砂(Q_4^{al}):棕黄色,矿物成份以石英、长石、云母为主,局部混少量黏性土。中压缩性。

场地各岩土层的埋深、厚度等情况详见表 4.4-2。

表 4.4-2 层位数据一览表

层号	层顶标高(m)				层顶深度(m)			厚度(m)		
	最小值	最大值	平均值	数据量	最小值	最大值	平均值	最小值	最大值	平均值
①	0.00	0.00	0.00	5	0.00	0.00	0.00	0.70	0.90	0.80
②-1	−0.90	−0.70	−0.80	5	0.70	0.90	0.80	3.10	6.30	5.18
②-2	−7.00	−4.00	−5.98	5	4.00	7.00	5.98	9.00	12.60	10.78
②-3	−17.50	−16.00	−16.76	5	16.00	17.50	16.76	1.00	3.00	1.74
②-4	−18.50	−18.00	−18.13	4	18.00	18.50	18.13	未揭穿		

勘探点平面位置图、各剖面线工程地质剖面图、各钻孔柱状图见图 4.4-1 至图 4.4-11。

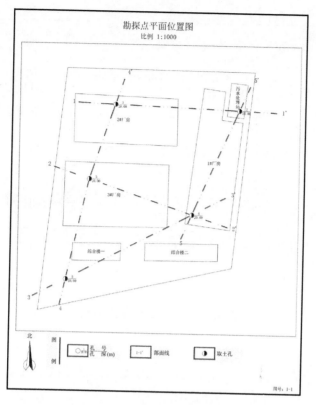

图 4.4-1　勘探点平面位置图

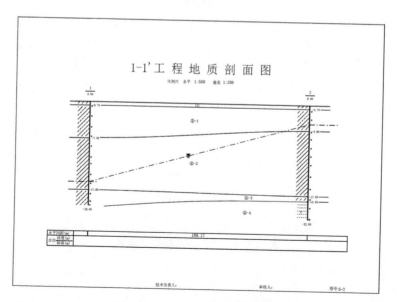

图 4.4-2　1-1'工程地质剖面图

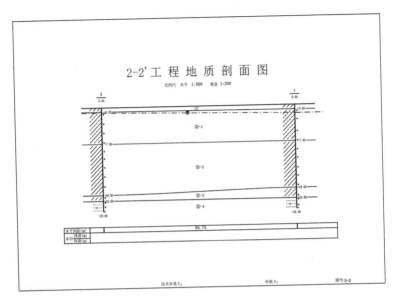

图 4.4-3　2-2'工程地质剖面图

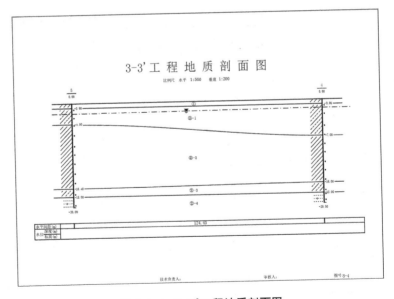

图 4.4-4　3-3'工程地质剖面图

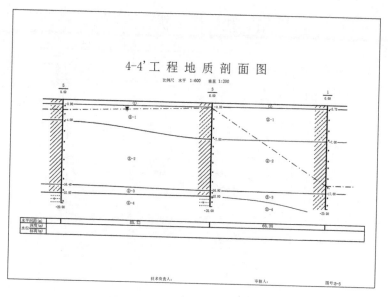

图 4.4-5　4-4'工程地质剖面图

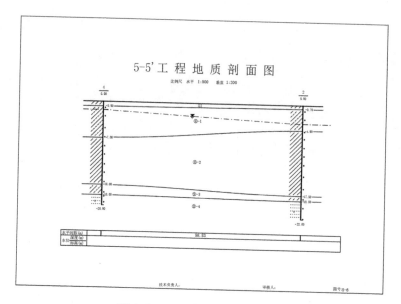

图 4.4-6　5-5'工程地质剖面图

钻 孔 柱 状 图

工程名称						工程编号				
孔　号	1		坐		钻孔直径	127	稳定水位深度			
孔口标高			标		初见水位深度		测量日期			

地质时代	层号	层底标高 (m)	层底深度 (m)	分层厚度 (m)	柱状图 1:200	地 层 描 述	标贯中点深度 (m)	标贯实测击数	附注
Q ml	①	−0.70	0.70	0.70		杂填土:杂色,主要以块石、矿渣等为主,含少量黏性土,结构松散,钻孔表部为约30cm混凝土地坪。			
Q al 4	②-1	−7.00	7.00	6.30		粉质黏土:褐黄色,切面光滑,干强度中等,韧性中等,含铁锰结核及少量钙质结核,硬塑,局部可塑。			
Q al 4	②-2	−17.00	17.00	10.00		黏土:褐黄色,切面光滑,干强度中等,韧性中等,含铁锰结核及少量钙质结核,硬塑。			
Q al 4	②-3	−20.00	20.00	3.00		粉质黏土:褐黄色,混少量细砂,可塑。			

记录员		图号: 6-1	
外业日期:			

图 4.4-7　1#钻孔柱状图

钻 孔 柱 状 图

工程名称								工程编号			
孔　号	2		坐		钻孔直径	127		稳定水位深度			
孔口标高			标		初见水位深度			测量日期			
地质时代	层号	层底标高 (m)	层底深度 (m)	分层厚度 (m)	柱状图 1:200	地 层 描 述			标贯中点深度 (m)	标贯实测击数	附注
Q₄^{ml}	①	-0.70	0.70	0.70		杂填土:杂色,主要以块石、矿渣等为主,含少量黏性土,结构松散,钻孔表部为约30cm混凝土地坪。					
Q₄^{al}	②-1	-4.90	4.90	4.20		粉质黏土:褐黄色,切面光滑,干强度中等,韧性中等,含铁锰结核及少量钙质结核,硬塑,局部可塑。					
Q₄^{al}	②-2	-17.50	17.50	12.60		黏土:褐黄色,切面光滑,干强度中等,韧性中等,含铁锰结核及少量钙质结核,硬塑。					
Q₄^{al}	②-3	-18.50	18.50	1.00		粉质黏土:褐黄色,混少量细砂,可塑。					
Q₄^{al}	②-4	-22.00	22.00	3.50		中砂:棕黄色,矿物成份以石英、长石、云母为主,局部混少量黏性土。					
外业日期:				记录员:			图号: 6-2				

图 4.4-8　2#钻孔柱状图

钻 孔 柱 状 图

工程名称							工程编号		
孔 号	3		坐标			钻孔直径	127	稳定水位深度	
孔口标高						初见水位深度		测量日期	

地质时代	层号	层底标高(m)	层底深度(m)	分层厚度(m)	柱状图 1:200	地 层 描 述	标贯中点深度(m)	标贯实测击数	附注
Q⁴ml	①	−0.80	0.80	0.80		杂填土:杂色,主要以块石、矿渣等为主,含少量黏性土,结构松散,钻孔表部为约30cm混凝土地坪。			
Q⁴al	②-1	−7.00	7.00	6.20		粉质黏土:褐黄色,切面光滑,干强度中等,韧性中等,含铁锰结核及少量钙质结核,硬塑,局部可塑。			
Q⁴al	②-2	−16.90	16.90	9.90		黏土:褐黄色,切面光滑,干强度中等,韧性中等,含铁锰结核及少量钙质结核,硬塑。			
Q⁴al	②-3	−18.00	18.00	1.10		粉质黏土:褐黄色,混少量细砂,可塑。			
Q⁴al	②-4	−20.00	20.00	2.00		中砂:棕黄色,矿物成份以石英、长石、云母为主,局部混少量黏性土。			

	记录员:		图号:6-3	
外业日期:				

图 4.4-9　3♯钻孔柱状图

钻 孔 柱 状 图

工程名称								工程编号		
孔　号		4		坐		钻孔直径	127	稳定水位深度		
孔口标高				标		初见水位深度		测量日期		

地质时代	层号	层底标高 (m)	层底深度 (m)	分层厚度 (m)	柱状图 1:200	地 层 描 述	标贯中点深度 (m)	标贯实测击数	附注
Qml	①	−0.90	0.90	0.90		杂填土:杂色,主要以块石、矿渣等为主,含少量黏性土,结构松散,钻孔表部为约30cm混凝土地坪。			
Q4al	②-1	−7.00	7.00	6.10		粉质黏土:褐黄色,切面光滑,干强度中等,韧性中等,含铁锰结核及少量钙质结核,硬塑,局部可塑。			
Q4al	②-2	−16.00	16.00	9.00		黏土:褐黄色,切面光滑,干强度中等,韧性中等,含铁锰结核及少量钙质结核,硬塑。			
Q4al	②-3	−18.00	18.00	2.00		粉质黏土:褐黄色,混少量细砂,可塑。			
Q4al	②-4	−20.00	20.00	2.00		中砂:棕黄色,矿物成份以石英、长石、云母为主,局部混少量黏性土。			

外业日期:	记录员:	图号: 6-4

图 4.4-10　4#钻孔柱状图

钻 孔 柱 状 图

工程名称							工程编号		
孔 号	5	坐标			钻孔直径	127	稳定水位深度		
孔口标高					初见水位深度		测量日期		

地质时代	层号	层底标高 (m)	层底深度 (m)	分层厚度 (m)	柱状图 1:200	地 层 描 述	标贯中点深度 (m)	标贯实测击数	附注
Q$_4^{ml}$	①	−0.90	0.90	0.90		杂填土:杂色,主要以块石、矿渣等为主,含少量黏性土,结构松散,钻孔表部为约30cm混凝土地坪。			
Q$_4^{al}$	②-1	−4.00	4.00	3.10		粉质黏土:褐黄色,切面光滑,干强度中等,韧性中等,含铁锰结核及少量钙质结核,硬塑,局部可塑。			
Q$_4^{al}$	②-2	−16.40	16.40	12.40		黏土:褐黄色,切面光滑,干强度中等,韧性中等,含铁锰结核及少量钙质结核,硬塑。			
Q$_4^{al}$	②-3	−18.00	18.00	1.60		粉质黏土:褐黄色,混少量细砂,可塑。			
Q$_4^{al}$	②-4	−20.00	20.00	2.00		中砂:棕黄色,矿物成份以石英、长石、云母为主,局部混少量黏性土。			

	记录员:	图号:6-5	
外业日期:			

图 4.4-11 5#钻孔柱状图

4.4.3　场地水文地质条件

1. 气象、水文条件

该地区多年平均降水量约 988.4 mm,降水量空间分布不均,总的趋势由北向南递增;降水量时间分布也不均,年际变化和年内变化较大。每年从 4 月份起降水量逐渐增多,6—9 月为汛期,雨季一般在 6 月下旬后期开始,到 7 月中旬后期结束,持续 20 d 左右,这一期间为全年雨量最集中时期。汛期(6—9月份)降水量占年降水量的 70% 左右,极易形成集中暴雨,春季则多干旱。该市是易旱易涝、水旱灾害频繁的地区。

根据区域水文资料,某河为重要的流域性行洪河道,是洪水的主要出路,某枢纽工程以上河段基本无其他供水、航运等功能。某河河首控制工程某闸,设计洪水流量为 8 000 m³/s,历史最大泄洪流量为 5 760 m³/s。根据该闸历史调度情况,某河主要在汛期行洪,开闸泄洪流量基本在 500 m³/s 以上。因此,某河水文特征为行洪期河道流量较大,枯水期仅有沿线支流某河、某河的少量涝水,以及两条支流河道承泄的城市污水汇入。该河某河口以上河段枯水期基本为干涸状态,某河口以下河段仅在主河槽内尚有一定的槽蓄水量。某河口以上河段来水主要为某河涝水及入河排污口的尾水汇入。正常情况下,在某河口以上河段的区间涝水流量一般不会超过 500 m³/s,根据某河历年水文调查,某闸泄洪流量为 500 m³/s 时,未发生过漫滩行洪的情况。

2. 水文地质条件

浅部地基土层中的地下水类型为孔隙潜水及弱承压水,孔隙潜水主要赋存于①层杂填土、②-1 层粉质黏土及②-2 层黏土中,弱承压水主要赋存于②-4层中砂中,补给来源主要为大气降水及周围河道,排泄方式主要为蒸发和渗流。

勘察期间测得的地下水稳定水位埋深为 1.1~15.5 m。地下水位随季节而变化,年变幅约 1.0 m,可按常年最高水位埋深 0.5 m 考虑。场地地下水等水位线分布如图 4.4-12 所示。

4.4.4　岩石层透水性评价

根据室内渗透试验,本场地地层透水性见表 4.4-3。

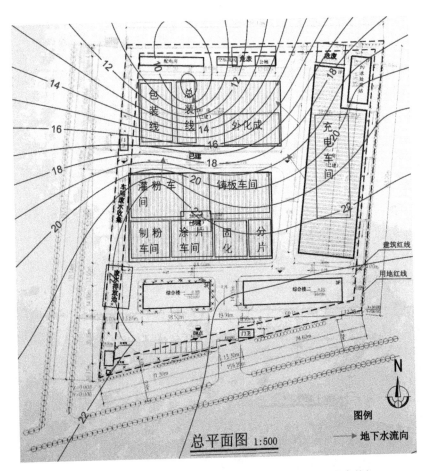

图 4.4-12　地下水等水位线分布图(2019 年 2 月 28 日水位)

表 4.4-3　地基土透水性评价表

层号	平均渗透系数		透水性类别
	垂直（K_V）	水平（K_H）	
②-1	5.32E-07	3.41E-07	不透水
②-2	1.19E-07	1.44E-07	不透水
②-3	2.21E-06	6.52E-06	不透水
②-4	2.01E-03	1.54E-03	中等透水

上表结果参考江苏省《岩土工程勘察规范》(DGJ32/TJ 208—2016)16.2.3 条文说明。

4.4.5 土层理化性质

1. 地基土试验指标

地基土主要物理力学性质试验指标可按表 4.4-4 选用。勘探点各层位详细物理力学性质见表 4.4-5,其他参数见表 4.4-6。

表 4.4-4 地基土主要物理力学性质指标表

层号	平均值						
	含水率 w（%）	重度 γ（Kn/m³）	孔隙比 e_o	塑性指数 I_P	液性指数 I_L	压缩系数 a_{1-2}（MPa⁻¹）	压缩模量 Es_{1-2}（MPa）
②-1	25.0	18.8	0.786	15.6	0.22	0.25	7.55
②-2	27.6	19.0	0.821	20.7	0.09	0.17	11.26
②-3	24.3	19.1	0.746	11.3	0.50	0.32	5.62
②-4	18.1	20.4	0.496	—	—	0.13	11.72

2. 有机质含量评价

本次勘察在各层中做了有机质含量分析试验,有机质含量一般小于 5%,根据《岩土工程勘察规范》(GB 50021—2001)(2009 年版)综合判定为无机质土。

4.5 布点采样

污染场地调查采样点的布设主要应参照目标保护原则、污染区设点原则、污染源鉴别原则、背景浓度确定原则、质量保证/质量控制原则。应综合考虑污染场地规模、污染源特征、污染物性质及特定的保护目标(如饮用水水源、居民区、自然保护区、名胜风景区等),有针对性地进行采样点布设。

土壤是场地污染最主要的环境受体,也是污染场地监测中最应关注的环境介质,因此在污染场地调查中,应首先考虑场地土壤污染的可能性,并需要获取足够数量的土壤样品,以清楚界定场地土壤污染的范围。

土壤污染采样点的布设除要考虑土壤布点的基本方法外,还需要根据场地的具体情况考虑以下方法:污染源较为单一的场地,可采用辐射布点的方法从污染源向外辐射布点;场地规模较大或含有多个或没有明显污染源的场地,应采用网格随机布点法进行布点;场地内含有不同土壤类型或场地中污染物浓度

表 4.4-5　物理力学性质指标统计表

层号 岩土名称	统计项	含水率 W(%)	比重 G_s	重度 γ(kN/m³)	干重度 γ_d(kN/m³)	孔隙比 e_o	饱和度 S(%)	液限 W_L(%)	塑限 W_P(%)	塑性指数 I_P	液性指数 I_L	a_{1-2}(MPa^{-1})	E_{S1-2}(MPa) 天然	颗粒组成 >2.0mm	2.0~0.50mm	0.50~0.25mm	0.25~0.075mm	0.075~0.005mm	<0.005mm	有机质含量 W_u(%)	垂直渗透系数 K_v(cm/s)	水平渗透系数 K_h(cm/s)	承载力特征值 f_{ak}(kPa)	压缩模量建议值 E_s(MPa)
②-1 粉质黏土	最小值~最大值	22.8~28.4	2.74~2.75	17.8~19.8	14.3~16.1	0.666~0.888	75~97	33.5~42.7	18.7~24.2	14.4~18.5	0.11~0.38	0.19~0.33	5.31~8.77							1.3~2.9	2.01E-07~9.34E-07	1.18E-07~5.57E-07	200	7.0
	数据个数	12	12	12	12	12	12	12	12	12	12	14	14							4	6	6		
	平均值	25.0	2.74	18.8	15.1	0.786	88	37.2	21.6	15.6	0.22	0.25	7.55							2.2	5.32E-07	3.41E-07		
	标准差	1.6	0.00	0.7	0.6	0.070	7	2.5	1.4	1.3	0.07	0.04	1.02											
	变异系数	0.06	0.00	0.04	0.04	0.09	0.09	0.07	0.06	0.08	0.33	0.16	0.14											
	标准值											0.26	7.10											
②-2 黏土	最小值~最大值	25.0~30.6	2.75~2.76	18.4~19.4	14.1~15.4	0.752~0.917	85~99	40.4~54.9	23.1~29.7	17.3~25.2	0.02~0.23	0.13~0.24	7.74~14.20							1.3~2.9	7.33E-08~2.69E-07	5.87E-08~3.42E-07	220	9.0
	数据个数	26	26	26	26	26	26	26	26	26	26	23	23							4	6	6		
	平均值	27.6	2.76	19.0	14.9	0.821	93	46.5	25.9	20.7	0.09	0.17	11.26							1.2	1.19E-07	1.44E-07		
	标准差	1.5	0.00	0.3	0.3	0.041	4	3.8	1.7	2.1	0.05	0.03	2.06											
	变异系数	0.05	0.00	0.02	0.02	0.05	0.04	0.08	0.07	0.10	0.59	0.18	0.18											
	标准值											0.18	10.50											
②-3 粉质黏土	最小值~最大值	23.1~26.9	2.71~2.74	18.3~19.5	14.4~15.7	0.695~0.863	85~95	27.1~32.7	17.6~19.8	9.5~14.3	0.40~0.66	0.25~0.47	3.96~6.88		0.7~13.5	1.1~20.0	9.0~36.6	31.1~68.5	12.3~19.1	1.1~1.3	6.14E-07~3.33E-06	1.39E-06~9.49E-06	150	5.0
	数据个数	6	6	5	5	5	5	5	5	5	5	5	5	6	6	6	6	6	6	2	3	3		
	平均值	24.3	2.72	19.1	15.3	0.746	90	29.9	18.6	11.3	0.50	0.32	5.62		4.4	7.6	20.9	51.3	15.9	1.2	2.21E-06	6.52E-06		
	标准差	1.4	0.01												4.8	7.3	10.0	14.7	3.1					
	变异系数	0.06	0.00												1.10	0.97	0.48	0.29	0.20					
	标准值																							

续表

层号	岩土名称		比重 G_s	含水率 W(%)	重度 γ(kN/m³)	干重度 γ_d(kN/m³)	孔隙比 e_0	饱和度 S(%)	液限 W_L(%)	塑限 W_P(%)	塑性指数 I_P	液性指数 I_L	压缩试验天然 E_{S1-2}(MPa)	a_{1-2}(MPa⁻¹)	颗粒组成(%) 2.0~0.50mm	0.50~0.25mm	0.25~0.075mm	0.075~0.005mm	<0.005mm	有机质含量 W_u(%)	垂直渗透系数 K_v(cm/s)	水平渗透系数 K_h(cm/s)	承载力特征值建议值 f_{ak}(kPa)	压缩模量建议值 E_s(MPa)
		最小值	2.68~	12.1~	20.0~	17.0~	0.409~	80~					9.39~	0.11~	0.7	14.0	9.8	14.3	1.5	0.7~				11.0
		最大值	2.69	23.4	21.0	18.7	0.546	90					14.06	0.15	42.6	31.2	63.7	34.5	9.6	0.9				
②-4	中砂	数据个数	7	7	5	5	5	5					5	5	7	7	7	7	7	2	1	1		
		平均值	2.69	18.1	20.4	17.6	0.496	86					11.72	0.13	25.8	24.7	21.4	22.6	5.5	0.8	2.01E-03	1.54E-03	240	11.0
		标准差	0.01	4.1											14.9	5.8	19.0	8.3	3.6					
		变异系数	0.00	0.23											0.57	0.23	0.89	0.37	0.66					
		标准值																						

表 4.4-6 分层土试验成果报告表

层号	野外土样编号	取样深度(m)	含水率 W %	密度 ρ	干密度 ρ_d	比重 G_s	孔隙比 e_u	饱和度 S_r %	液限 W_L %	塑限 W_P %	塑性指数 I_P %	液性指数 I_L	各级压力下孔隙比 e 50 kPa	100 kPa	200 kPa	400 kPa	压缩系数 a 0.1~0.2 MPa⁻¹	压缩模量 E_s 0.1~0.2 MPa⁻¹	垂直渗透系数 K_v(cm/s)	水平渗透系数 K_h(cm/s)	有机质含量 W_u(%)	土定名依据规范 GB 50021—2001 分类
②-1	1-1	0.80~1.00	24.9	1.99	1.59	2.74	0.720	94.8	35.2	20.8	14.4	0.28	0.706	0.693	0.671	0.628	0.22	7.8	2.01E-07	1.55E-07	2.1	粉质黏土
②-1	1-2	2.70~2.90	23.7	1.76	1.42	2.74	0.926	70.1	35.1	20.7	14.4	0.21	0.883	0.859	0.827	0.776	0.32	6.0				粉质黏土
②-1	1-3	4.80~5.00	29.6	1.88	1.45	2.76	0.903	90.5	45.9	25.6	20.3	0.20	0.874	0.856	0.832	0.789	0.24	7.9				黏土
②-1	1-4	6.60~6.80	25.1	1.92	1.53	2.74	0.785	87.6	35.7	21.0	14.7	0.28	0.757	0.742	0.718	0.673	0.24	7.4	2.04E-07	1.18E-07	1.3	粉质黏土
②-1	2-1	1.00~1.20	22.8	2.02	1.64	2.74	0.666	93.8	33.5	18.7	14.8	0.28	0.645	0.633	0.614	0.580	0.19	8.8	4.11E-07			粉质黏土
②-1	2-2	2.60~2.80	23.8	1.81	1.46	2.74	0.874	74.6	35.9	21.1	14.8	0.18	0.836	0.818	0.793	0.764	0.25	7.5	9.34E-07	2.17E-07	2.9	粉质黏土
②-1	3-1	1.20~1.40	32.6	1.89	1.43	2.76	0.936	96.1	45.8	25.6	20.2	0.35	0.890	0.866	0.829	0.774	0.37	5.2				黏土
②-1	3-2	3.00~3.20	24.6	1.85	1.48	2.74	0.845	79.7	36.8	21.5	15.3	0.20	0.825	0.811	0.787	0.749	0.24	7.7	7.44E-07	5.57E-07		粉质黏土
②-1	3-3	4.80~5.00	28.4	1.87	1.46	2.75	0.888	87.9	42.7	24.2	18.5	0.23	0.847	0.831	0.809	0.774	0.22	8.6		5.43E-07	2.6	黏土
②-1	3-4	6.60~6.80	23.7	1.99	1.61	2.74	0.703	92.3	37.7	21.9	15.8	0.11	0.652	0.637	0.611	0.613	0.15	11.4				粉质黏土
②-1	4-1	1.10~1.30	26.7	1.98	1.56	2.74	0.753	97.1	35.9	21.1	14.8	0.38	0.720	0.700	0.667	0.613	0.33	5.3	7.00E-07			粉质黏土
②-1	4-2	2.70~2.90	25.7	1.89	1.50	2.74	0.822	85.6	39.5	22.7	16.8	0.18	0.806	0.793	0.771	0.734	0.22	8.3		4.54E-07		粉质黏土
②-1	4-3	5.00~5.20	29.1	1.85	1.43	2.76	0.926	86.7	46.4	25.8	20.6	0.16	0.897	0.877	0.854	0.821	0.23	8.4				黏土

典型涉重企业土壤污染状况调查研究

层号	野外土样编号	取样深度(m)	颗粒百分比(%) 砂粒 2.0~0.5 mm	0.5~0.25	0.25~0.075	粉粒 0.075~0.005	黏粒 <0.005	含水率 W %	密度 ρ	干密度 Pd	比重 Gs	孔隙比 e_u	饱和度 S_r %	液限 W_L %	塑限 W_P %	塑性指数 I_P %	液性指数 I_L	各级压力下孔隙比 e 50 kPa	100 kPa	200 kPa	400 kPa	压缩系数 α 0.1~0.2 MPa^{-1}	压缩模量 E_s 0.1~0.2 MPa^{-1}	垂直渗透系数 K_v(cm/s)	水平渗透系数 K_h(cm/s)	有机质含量 W_u(%)	土定名依规范 GB 50021—2001 分类
②-1	4-4	6.80~7.00						23.3	1.90	1.54	2.74	0.778	82.0	35.2	20.8	14.4	0.17	0.746	0.731	0.710	0.682	0.21	8.5				粉质黏土
②-1	5-1	1.10~1.30						26.6	1.98	1.56	2.74	0.752	96.9	39.8	22.9	16.9	0.22	0.696	0.666	0.639	0.603	0.27	6.5				粉质黏土
②-1	5-2	2.70~2.90						24.6	1.85	1.48	2.74	0.845	79.7	38.3	22.2	16.1	0.15	0.791	0.762	0.736	0.703	0.26	7.1				粉质黏土
②-1	1-5	8.50~8.70						29.7	1.91	1.47	2.75	0.867	94.2	42.5	24.1	18.4	0.30	0.837	0.811	0.778	0.722	0.33	5.7				黏土
②-2	1-6	10.60~10.80						25.7	1.93	1.54	2.75	0.791	89.3	41.1	23.4	17.7	0.13	0.781	0.772	0.758	0.731	0.14	12.8	7.90E-08	1.05E-07	1.5	黏土
②-2	1-7	11.90~12.10						27.6	1.88	1.47	2.76	0.873	87.2	47.1	26.1	21.0	0.07	0.853	0.840	0.820	0.781	0.20	9.4				黏土
②-2	1-8	14.00~14.20						30.6	1.88	1.44	2.76	0.917	92.1	54.9	29.7	25.2	0.04	0.907	0.896	0.880	0.855	0.16	12.0				黏土
②-2	1-9	15.70~15.90						28.7	1.89	1.47	2.76	0.879	90.1	51.4	28.1	23.3	0.03	0.860	0.847	0.827	0.787	0.20	9.4				黏土
②-2	2-3	5.00~5.20						29.3	1.92	1.48	2.76	0.859	94.2	44.4	24.9	19.5	0.23	0.841	0.829	0.804	0.769	0.24	7.8				黏土
②-2	2-4	6.40~6.60						27.4	1.88	1.48	2.75	0.864	87.3	42.5	24.1	18.4	0.18	0.843	0.829	0.807	0.721	0.22	8.5	9.12E-08	5.87E-08	0.9	黏土
②-2	2-5	8.10~8.30						27.1	1.98	1.56	2.76	0.772	96.9	44.4	24.9	19.5	0.11	0.756	0.748	0.735	0.702	0.13	13.6				黏土
②-2	2-6	9.70~9.90						25.5	1.97	1.57	2.75	0.752	93.3	42.3	24.0	18.3	0.08	0.737	0.728	0.717	0.750	0.11	15.9				黏土
②-2	2-7	1.40~11.60						26.6	1.91	1.51	2.76	0.829	88.5	45.2	25.3	19.9	0.03	0.811	0.800	0.782	0.786	0.18	10.2				黏土
②-2	2-8	13.60~13.80						29.1	1.93	1.49	2.76	0.846	94.9	50.6	27.7	22.9	0.06	0.827	0.819	0.806	0.810	0.13	14.2	7.33E-08	8.69E-08	1.3	黏土
②-2	2-9	16.00~16.20						28.3	1.88	1.46	2.76	0.894	89.5	51.6	268	23.4	0.03	0.875	0.864	0.844	0.721	0.19	10.0				黏土
②-2	3-5	8.30~8.50						27.4	1.96	1.53	2.76	0.807	93.6	45.9	25.6	20.3	0.13	0.783	0.771	0.752	0.718	0.19	9.5				黏土
②-2	3-6	9.70~9.90						30.0	1.97	1.55	2.76	0.840	85.0	40.4	23.1	17.3	0.07	0.760	0.751	0.736	0.784	0.15	11.9	1.29E-07	1.95E-07	1.2	黏土
②-2	3-7	11.40~11.60						26.0	1.95	1.50	2.76	0.809	96.1	46.5	25.9	20.6	0.02	0.822	0.813	0.800	0.705	0.13	14.2				黏土
②-2	3-8	13.20~13.40						25.0	1.97	1.56	2.75	0.801	98.0	46.1	25.7	20.4	0.11	0.746	0.735	0.721	0.732	0.14	12.6				黏土
②-2	3-9	15.10~15.30						27.9	1.90	1.52	2.76	0.780	96.2	50.3	27.6	22.7	0.10	0.780	0.766	0.751	0.728	0.15	12.1				黏土
②-2	4-5	3.50~8.70						27.7	1.98	1.53	2.76	0.838	94.5	48.4	26.7	21.7	0.10	0.778	0.767	0.751	0.725	0.15	12.0	2.69E-07	3.42E-07		黏土
②-2	4-6	10.10~10.30						29.2	1.94	1.50	2.76	0.806	85.2	38.3	22.2	16.1	0.07	0.765	0.756	0.743	0.790	0.13	13.7	7.40E-08	7.80E-08		黏土
②-2	4-7	10.10~12.20						27.6	1.95	1.53	2.74	0.785	89.1	42.2	23.9	18.3	0.04	0.827	0.819	0.807	0.753	0.12	15.3				黏土
②-2	4-8	13.60~13.80						24.4	1.91	1.54	2.75	0.824	89.1	41.3	23.5	17.8	0.14	0.790	0.780	0.769	0.704	0.11	16.4				黏土
②-2	4-9	12.00~13.80						26.7	1.91	1.51	2.75	0.798	87.9				0.15	0.756	0.743	0.728	0.731	0.15	1.9	1.08E-07	1.74E-07		粉质黏土
②-2	5-3	15.40~15.60						25.5	1.92	1.53	2.75						0.11	0.778	0.753	0.731	0.703	0.22	8.3				黏土
②-2	5-4	4.10~4.30																0.760	0.742	0.722	0.693	0.20	9.0				黏土
②-2	5-4	5.00~6.20																									

层号	野外土样编号	取样深度(m)	砂粒 2.0~0.5 (mm)	0.5~0.25	0.25~0.075	粉粒 0.075~0.005	黏粒 <0.005	含水率 W(%)	密度 ρ	干密度 ρ_d	比重 G_s	孔隙比 e_0	饱和度 S_r(%)	液限 w_L(%)	塑限 w_P(%)	塑性指数 I_P(%)	液性指数 I_L	e 50 kPa	e 100 kPa	e 200 kPa	e 400 kPa	压缩系数 a 0.1~0.2 (MPa^{-1})	压缩模量 E_s 0.1~0.2 (MPa^{-1})	垂直渗透系数 K_v(cm/s)	水平渗透系数 K_h(cm/s)	有机质含量 W_u(%)	土定名 依规范 GB 50021—2001 分类
②-2	5-5	3.10~8.30						27.1	1.95	1.53	2.76	0.799	93.6	45.0	25.2	19.8	0.10	0.769	0.754	0.740	0.720	0.14	12.9				黏土
②-2	5-6	9.70~9.90						26.2	1.92	1.52	2.76	0.814	88.8	45.0	25.2	19.8	0.05	0.787	0.774	0.761	0.741	0.13	14.0				黏土
②-2	5-7	11.50~11.70						28.8	1.95	1.51	2.76	0.823	96.6	48.8	26.9	21.9	0.09	0.786	0.768	0.750	0.726	0.18	10.1				黏土
②-2	5-8	13.40~13.60						27.2	1.96	1.54	2.76	0.791	94.9	48.1	26.6	21.5	0.03	0.757	0.738	0.722	0.702	0.16	11.2				黏土
②-2	5-9	15.20~15.40						24.0	2.01	1.62	2.75	0.697	94.8	41.3	23.5	17.8	0.03	0.673	0.660	0.649	0.635	0.11	15.4				黏土
②-3	1~10	17.70~17.90		6.3	9.0	57.6	18.7	26.9	1.86	1.47	2.75	0.863	85.1	31.4	18.0	13.4	0.66	0.793	0.747	0.700	0.633	0.47	4.0	3.33E-06	8.67E-06	1.1	粉质黏土
②-3	1~11	19.15~19.45	0.7	11.3	36.6	37.4	4.0	23.1			2.71																黏质粉土
②-3	2~10	18.00~18.20	13.5	20.0	16.3	31.1	19.1	24.5	1.99	1.60	2.71	0.695	95.5	27.1	17.6	9.5	0.58	0.623	0.588	0.55	0.501	0.33	5.1				粉质黏土
②-3	3~10	17.20~17.40	1.9	1.1	15.5	68.5	13.0	23.7	1.95	1.58	2.71	0.719	89.3	29.5	19.8	9.7	0.40	0.697	0.679	0.654	0.610	0.25	6.9				黏质粉土
②-3	4~10	17.40~17.60	2.0	1.1	28.8	49.8	18.3	24.1	1.99	1.60	2.74	0.709	89.2	32.7	18.4	14.3	0.40	0.682	0.664	0.635	0.597	0.29	5.9	2.68E-06	9.49E-06	1.3	粉质粉土
②-3	5~10	17.40~17.60	2.1	3.5	18.9	63.2	12.3	23.4	1.92	1.56	2.71	0.742	88.5	28.7	19.2	9.5	0.44	0.682	0.651	0.623	0.587	0.28	5.2	6.14E-07	1.39E-06		黏质黏土
②-4	2~11	19.70~19.90	24.6	23.1	13.2	32.0	7.1	12.1	2.14	1.91	2.69	0.409	79.6					0.391	0.380	0.365	0.343	0.15	9.4	2.01E-03	1.54E-03	0.7	粉砂
②-4	2~12	21.80~22.00	42.6	30.7	10.8	14.3	1.6	15.3	2.10	1.82	2.68	0.471	87.0					0.457	0.449	0.437	0.423	0.12	12.3				中砂
②-4	3~11	18.15~18.45	16.8	23.4	15.7	34.5	9.6	23.4			2.69																粉砂
②-4	3~12	19.00~19.20	37.5	31.2	9.8	19.3	2.2	17.7	2.04	1.73	2.68	0.546	86.8					0.527	0.519	0.508	0.491	0.11	14.1				中砂
②-4	4~11	18.15~18.35	0.7	63.7	14.0	14.3	7.3	23.2			2.69																粉砂
②-4	4~12	19.30~19.50	38.5	26.2	15.9	17.9	1.5	16.8	2.07	1.77	2.68	0.512	87.9					0.485	0.471	0.459	0.443	0.12	12.6			0.9	中砂
②-4	5~11	19.50~19.70	20.2	20.4	26.1	24.2	9.1	8.1	2.06	1.74	2.69	0.542	89.8					0.511	0.495	0.480	0.460	0.15	10.3				粉砂

颗粒百分比(%)

相差较大的场地,可采用分块随机布点的方法,先将场地划分成数个单元,然后在每个单元内随机布点进行采样;在保护目标附近或高污染域应加密布点;土壤背景样品采样点应布设在场地上风向、相同土壤类型的区域。

污染场地土壤采样常用的点位布设方法包括判断布点法、随机布点法、分区布点法及系统布点法等,如表 4.5-1 所示。

表 4.5-1　常见的布点方法及适用条件

布点方法	适用条件
判断布点法	根据现场调查结果或污染源位置,依靠专业知识判断采样点位置。为节省费用,可作为进一步采样布点的依据。适用于无扰动且潜在污染明确的场地
随机布点法	将评价区域划分成网格,每个网格编上号码,确定采样数后,随机抽取采样网格号码。适用于污染分布均匀的场地,如固体废物堆放处和废气污染源
分区布点法	当评价区污染物分布差异比较大时,可将评价区划分成各个相对均匀的分区,再根据分区的面积或污染特点确定布点方法。该方法比系统法节省费用,可以取得污染分布情况。适用于污染分布不均匀,并获得污染分布情况的场地
系统布点法	将评价区域划分成统一的方形、矩形或三角形网格,在网格内或交叉处采样,网格间距一般在 15～40 m。适用于各类场地情况,特别是污染分布不明确或污染分布范围大的情况。该方法可以获得污染分布情况,但其精度受到网格间距大小影响,费用较高

网格点位数应根据所评价场地的面积及潜在污染源的数目、污染物迁移情况等确定,原则上网格大小不应超过 1 600 m²,也可参考《建设用地土壤污染状况调查与风险评估技术导则》(DB11/T 656—2019)中的相关推荐数目。

本节以苏北某涉重企业地块为例,综合考虑污染场地规模、污染源特征、污染物性质、污染源分布区域等要素开展了地块采样点位布置工作。

4.5.1　布点原则

参考我国《建设用地土壤污染状况调查技术导则》(HJ 25.1—2019)的规定,初步调查可以通过资料收集与分析、现场踏勘、人员访谈等工作,获取地块相关信息,说明可能的污染类型、污染状况和来源。

根据《建设用地土壤环境调查评估技术指南》(环境保护部公告 2017 年第 72 号)的要求,布点数量应当综合考虑代表性和经济可行性原则。鉴于具体地块的差异性,布点的位置和数量应当主要基于专业的判断。原则上:初步调查阶段,地块面积≤5 000 m²,土壤采样点位数不少于 3 个;地块面积＞5 000 m²,土壤采样点位数不少于 6 个,并可根据实际情况酌情增加。详细调查阶段,对于根据污染识别和初步调查筛选的涉嫌污染的区域,土壤采样点位数每 400 m² 不少于 1 个,其他区域每 1 600 m² 不少于 1 个。地下水采样点位数每 6 400 m² 不少于 1 个。有以下情形的,可根据实际情况加密布点,如污染历史复杂或信息缺失严重的,水文地质条件复杂的等。结合现场踏勘、前期资料反映的场地可能污染情况进行布点。

4.5.2 土壤布点

1. 调查分区

采取"突出重点,兼顾一般,摸清问题,控制成本"的原则,对调查区域进行分区。根据该企业一期、二期各车间生产产品原辅料、三废产排情况及现场踏勘结果,按照可能污染程度将调查区分为重点调查区、一般调查区,如图 4.5-1 所示。

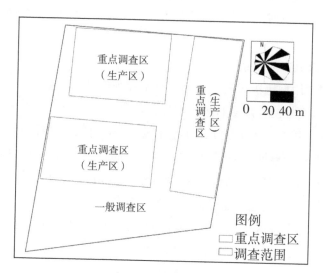

图 4.5-1 调查分区图

重点调查区:一期项目的原料仓库、破解车间、再生铅车间(再生铅冶炼区、再生铅精炼区)、一般固废储场、危险固废储场等所在区域由于长期堆存、破解废铅蓄电池和冶炼、精炼再生铅等,导致土壤和地下水受铅污染可能性较大,应划为重点调查区。2011 年建设二期项目时已将一期项目拆除,本次调查时兼顾考虑一期项目生产活动可能污染的区域。

二期项目的1♯厂房(充电车间)、2♯厂房(外化成车间、总装线、包装线)、3♯厂房(制粉车间,灌粉车间,涂片车间,固化、分片、铸板车间)、危废仓库、污水处理站等所在区域由于涉及铅粉制造、铅粉和膏、铅膏涂片等生产活动,还有铅渣、铅泥的堆存以及含铅废水处理等,导致土壤和地下水受铅污染可能性较大,因此将上述区域划为重点调查区。

一般调查区:厂区内办公区(综合楼一、综合楼二)、绿化、道路等区域基本没有工业生产活动,受污染可能性较小,划为一般调查区。

2. 土壤布点原则与依据

在严格按照《建设用地土壤污染状况调查技术导则》(HJ 25.1—2019)及《建设用地土壤污染风险管控和修复监测技术导则》(HJ 25.2—2019)要求的基础上,结合对厂区生产区域、办公区域污染差异性的分析判断和对场地现场的勘察,进行采样点的布设。依据调查区域分区,在不同区域设置不同的布点密度及采样深度,同时采用系统布点法结合专业判断进行布点,以达到确定土壤污染范围、深度与程度,支持开展人体健康风险评估及确定修复目标的最终目的。

3. 土壤布点密度和布点数量

按照《建设用地土壤污染状况调查技术导则》(HJ 25.1—2019)及《建设用地土壤污染风险管控和修复监测技术导则》(HJ 25.2—2019)中布点密度的要求(采样单元面积不大于 1 600 m²),并根据《建设用地土壤环境调查评估技术指南》的要求(对于根据污染识别和初步调查筛选的涉嫌污染的区域土壤采样点位数每 400 m² 不少于 1 个,其他区域每 1 600 m² 不少于 1 个),结合现场踏勘、前期资料反映的场地可能污染情况进行布点。

本次调查采用分区布点法结合专业判断法进行布点。依据前期调查结果、现场采样条件、专业判断(即肉眼可见、嗅觉可识别等人为感知)、现场快速检测(如现场 PID/FID、XRF)等,对采样布点的位置进行科学的调整。在采样过程中,具体点位根据现场实际情况,比如车间位置、管道位置等进行细微调整,确保生产车间内及车间四周均有布点。

详细调查布点情况如下:

① 在重点调查区内设置的采样单元面积不大于 400 m²,即每 400 m² 不少于 1 个土壤点位,重点调查区现场共布设土壤点位 34 个;② 在一般调查区内设置的采样单元面积不大于 1 600 m²,即每 1 600 m² 不少于 1 个土壤点位,一

般调查区现场共布设点位 8 个;③在整个场地外部区域多个方向不同距离布设 6 个土壤对照点(DZ),具体土壤对照点分布见图 4.5-2。

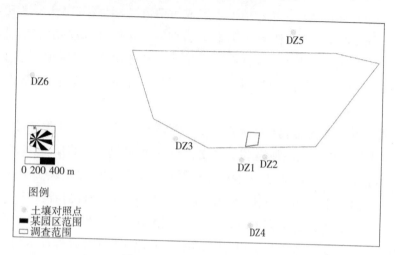

图 4.5-2 土壤对照点分布图

综上,本次调查共布设土壤点位 48 个(含土壤对照点)。调查范围内具体土壤采样点位分布见图 4.5-3。

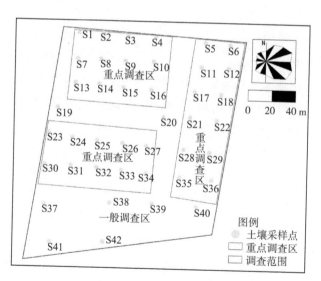

图 4.5-3 调查范围内土壤采样布点图

4. 采样深度

通过现场踏勘及访谈了解到本次调查堆场地块内废水池深度为 3.0 m,综合考虑地下设施可能对土壤和地下水造成污染情况,土壤采样孔深度初步设定为 6.0 m,并且现场钻探时应不击穿隔水层。此外,该地块地层信息存在一定的不确定性,需结合现场钻孔情况确认。钻孔深度的现场确认原则为:根据采出土壤样品判断地层性质及变层深度,保证现场钻探时不击穿隔水层。

根据我国土壤污染调查技术规范及导则要求,每个点位上土壤样品采集要求如下:采样深度应扣除地表非土壤硬化层厚度,原则上应采集 0～0.5 m 表层土壤样品,0.5 m 以下下层土壤样品根据判断布点法采集,建议 0.5～6 m 土壤采样间隔不超过 2 m;不同性质土层至少采集一个土壤样品。同一性质土层厚度较大或出现明显污染痕迹时,根据实际情况在该层位增加采样点。将每个土样保存在密实袋中并做好标识,然后用快速检测仪检测土壤样品中的重金属和挥发性有机物质。由于调查地块涉及的特征污染物主要为重金属,土样的筛选主要参照现场 XRF 数据,同时考虑 PID 读数以及土样的气味和颜色。最后每个土孔筛选 4 个土样装入实验室提供的玻璃瓶里,最终运送到实验室进行化学分析。

4.5.3 地下水污染调查

1. 地下水采样点布设

依据《建设用地土壤环境调查评估技术指南》及《地下水环境监测技术规范》(HJ 164—2020)、《建设用地土壤污染状况调查技术导则》(HJ 25.1—2019)规定,开展地下水污染调查。

监测井采样点位数量及空间布设根据场地及场地周边环境特点进行设定,应能较全面地反映场地地下水污染空间分布、地下水流向等关键问题,基于现有资料信息确定可能会出现的地下水污染情况的区域。

参照地勘报告水文地质结果,推断该场地浅层地下水流向大致为自南向北流经场地。本次调查在上游设置 1 个地下水采样点,在下游根据生产厂房和污水处理站分布情况设置地下水采样点,同时根据《建设用地土壤环境调查评估技术指南》要求地下水采样点位数每 6 400 m² 不少于 1 个,本次调查面积约 27 373 m²,因此本次调查共设置 5 个地下水采样点,具体点位见图4.5-4。

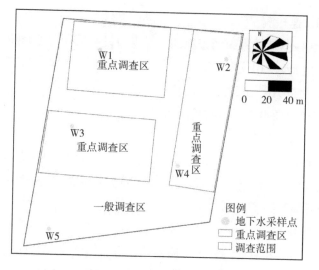

图 4.5-4　地下水采样布点图

2. 采样深度

参照地勘报告水文地质结果,该场地地下水稳定水位埋深范围为地下 1.1~15.5 m。结合区域地下水水位情况,本次调查地下水监测井的平均开设深度为地面以下 20 m。

4.5.4　总工作量统计

根据上述调查工作计划,现场调查布点、采样计划工作量汇总如表 4.5-2 所示。实际调查工作中,将根据现场建筑物、设备设施、沟槽管线等分布情况,对点位位置进行适当调整,以实现对地块环境的如实调查。

表 4.5-2　采样工作量统计

序号	调查内容	点位数(个)	采集样品数(份)	送检样品数(份)	进尺数(m)	备注
1	土壤样点	42	378+40 平行样	168+17 平行样	252	各点筛选 4 个样品送检
2	土壤对照点	6	54+6 平行样	24+3 平行样	6	
3	地下水样点	5	5+1 平行样	5+1 平行样	100	
	合计	53	437+47 平行样	197+21 平行样	358	

4.5.5　监测因子

根据相关资料及对企业生产工艺、原辅助材料情况的分析,本次调查监测指标设定如下:

1. 现场快速检测

现场快速检测结果可为调查现场的样点布设和采样深度判断等提供依据。现场检测的指标及所用仪器如下：

重金属：手持 XRF 重金属检测仪。

有机污染物：便携式有机物检测仪（PID）。

2. 实验室分析检测

根据企业生产的原料和产品等资料信息，综合考虑堆场地块与企业生产的关联性，并结合我国环境保护部和美国环保局优先控制的污染物选择确定土壤和地下水分析检测因子。

3. 样品分析方法

所有样品将委托有检测分析资质的第三方检测实验室进行检测与分析；样品检测分析方法采用国标或美国 EPA 方法（GC-MS、ICP-MS）。如章节 3.3 所分析，考虑地块污染因子实际可监测的情况，结合国家分析测试中心提供的特征污染物分析方法和国内外相关标准，确定具体的土壤和地下水分析检测因子，详见表 4.5-3。监测因子涉及 GB 36600—2018 中 45 项基本项目、GB/T 14848—2017 中的常规指标以及地块特征污染物。土壤监测因子涵盖地块特征污染物石油烃，地下水则对石油烃进行补充监测。

表 4.5-3　本次调查初步设定监测因子

项目	类别	监测因子
土壤	pH、重金属	pH、六价铬、铜、铬、镍、锌、锑、铅、镉、铍、砷、汞、钴、钒
	挥发性有机污染物（VOCs）	四氯化碳、氯仿、氯甲烷、1,1-二氯乙烷、1,2-二氯乙烷、1,1-二氯乙烯、顺-1,2-二氯乙烯、反-1,2-二氯乙烯、二氯甲烷、1,2-二氯丙烷、1,1,1,2-四氯乙烷、1,1,2,2-四氯乙烷、四氯乙烯、1,1,1-三氯乙烷、1,1,2-三氯乙烷、三氯乙烯、1,2,3-三氯丙烷、氯乙烯、苯、氯苯、1,2-二氯苯、1,4-二氯苯、乙苯、苯乙烯、甲苯、间-二甲苯＋对-二甲苯、邻-二甲苯
	半挥发性有机污染物（SVOCS）	硝基苯、苯胺、2-氯酚、苯并[a]蒽、苯并[a]芘、苯并[b]荧蒽、苯并[k]荧蒽、䓛、二苯并[a,h]蒽、茚并[1,2,3-cd]芘、萘
	其他特征污染物	石油烃（$C_{10} \sim C_{40}$）

项目	类别	监测因子
地下水	常规因子（36 项、含重金属）	色度、嗅和味、浑浊度、肉眼可见物、pH、总硬度、溶解性总固体、硫酸盐、氯化物、铁、锰、铜、锌、铝、挥发性酚类、阴离子表面活性剂、耗氧量、氨氮、硫化物、钠、亚硝酸盐、硝酸盐、氰化物、氟化物、碘化物、汞、砷、硒、镉、铬（六价）、铅、三氯甲烷、四氯化碳、苯、甲苯、镍
地下水	挥发性污染物（VOCs）	氯甲烷、1,1-二氯乙烷、1,2-二氯乙烷、1,1-二氯乙烯、顺-1,2-二氯乙烯、反-1,2-二氯乙烯、二氯甲烷、1,2-二氯丙烷、1,1,1,2-四氯乙烷、1,1,2,2-四氯乙烷、四氯乙烯、1,1,1-三氯乙烷、1,1,2-三氯乙烷、三氯乙烯、1,2,3-三氯丙烷、氯乙烯、氯苯、1,2-二氯苯、1,4-二氯苯、乙苯、苯乙烯、间二甲苯＋对-二甲苯、邻-二甲苯
	半挥发性有机污染物（SVOC）	硝基苯、苯胺、2-氯酚、苯并[a]蒽、苯并[a]芘、苯并[b]荧蒽、苯并[k]荧蒽、䓛、二苯并[a,h]蒽、茚并[1,2,3-cd]芘、萘
	其他特征污染物	石油烃（$C_{10}\sim C_{40}$）、锑、铍、钴、钒

5　检测采样分析

本章以苏北某涉重企业地块为例,重点讲述该地块土壤样品和地下水检测采样分析工作。检测采样分析工作主要包含样品采集、样品保存和流转、样品检测分析、质量保证与质量控制。

样品采集:土壤样品分表层土和深层土,深层土的采样深度应考虑污染物可能释放和迁移的深度、污染物性质、土壤的质地和孔隙度、地下水水位和回填土等因素。可利用现场探测设备辅助判断采样深度。采集含挥发性污染物的样品时,应尽量减少对样品的扰动,严禁对样品进行均质化处理。采样时应进行现场记录,主要内容包括:样品名称和编号、气象条件、采样时间、采样位置、采样深度、样品质地、样品颜色和气味、现场检测结果以及采样人员等。地下水采样需配备便携式设备现场测定地下水水温、pH 值、电导率、浊度和氧化还原电位等。

样品保存和流转:无机分析土壤样品应先置于塑料袋中,然后放入棉布袋中,在常温、通风的条件下保存。有机化合物样品应置于棕色玻璃瓶中,装满、盖严,用聚四氟乙烯胶带密封,在 4 ℃以下保存。地下水样品一般采用塑料瓶或玻璃瓶保存,其中有机物分析样品必须使用棕色玻璃瓶收集。

样品测试分析方法可分为国家指定分析方法和选择分析方法两类。国家指定分析方法是指国家有关规定中指定的分析项目,这些项目的分析应按照国家的规定执行。选测项目可采用国内外权威部门推荐的分析方法或根据实验室设备、人员等实际情况,自选等效方法,但应做标准样品验证或比对实验,其检出限、准确度、精密度不应低于相应的通用方法水平及待测物准确定量的要求。选测项目分析方法的选择应着重考虑以下几个方面:分析方法的可靠性;数据精确度;设备的可靠性;分析样品的数量;对特殊分离或分析技术的需求;数据的可比性和代表性。

现场质量保证和质量控制措施应包括:防止样品污染的工作程序,运输空白样分析,现场重复样分析,采样设备清洗空白样分析,采样介质对分析结果影响分析,以及样品保存方式和时间对分析结果的影响分析等,具体参见 HJ 25.2。实验室分析的质量保证和质量控制的具体要求见 HJ 164 和 HJ/T 166。

5.1 样品采集

5.1.1 土孔钻探

该场地使用 Geoprobe 7822DT 直推式钻机进行土壤样品采集和地下水监测井构建。Geoprobe 7822DT 使用垂直静压方式将双套管土壤取样系统(型号dt32,钻孔直径 82.5 mm)直接推入土壤,可以将土壤样品不间断地连续柱状取出。

土孔钻探施工过程严格按照《重点行业企业用地调查样品采集保存和流转技术规定(试行)》中的相关技术规定执行。按照钻机架设、开孔、钻进、取样、封孔、点位复测、场地清理的流程进行,该过程由检测公司负责执行,现场采样由检测公司现场采样人员负责执行。

各环节技术要求如下:

(1)钻探前需清理钻探作业面,架设钻机,设立警示牌或警戒线。

(2)开孔直径应大于正常钻探的钻头直径,开孔深度应超过钻具长度。水泥面点位采用立轴配套复合片开孔,直径 127 mm。

(3)采用垂直静压方式将双套管土壤取样系统 Geoprobe 3.25 英寸(82.5 mm)钻头直接推入土壤。采集的样品直径为 1.85 英寸(47 mm),按100 cm 土柱、土壤密度 1.8 g/cm³ 计算,3.25 英寸钻具取芯量约为 3 200 g。再使用土壤转移器将采样转入专用样品瓶和检测器皿进行分析。本次土壤孔钻探每次深度宜为 50~150 cm。本场地土层主要为黏土类,根据要求,岩芯采取率不应小于 85%。

本次采样全程套管跟进,不同样品采集前应对钻头和钻杆进行清洗,并对清洗废水进行集中收集处置。钻探过程中钻至地下水时,应停止钻进,待水位稳定后,测量并记录水位及静止水位,土壤岩芯样品应按照揭露顺序依次放入岩芯箱,对土层变层位置进行标识。

(4)钻孔过程中参照"土壤钻孔采样记录单"要求填写土壤钻孔采样记录单,并对采样点、钻进操作、岩芯箱、钻孔记录单等环节进行拍照记录;采样过程中,对钻井东、南、西、北四个方向进行拍照记录,反映周边建构筑物、设施等情况,以"点+E、S、W、N"分别作为东、南、西、北四个方向照片名称进行编号记录。钻进过程全程拍照,对开孔、套管跟进、钻杆更换和取土器使用、原状土样采集等环节至少拍摄1张照片。岩芯拍照需体现整个钻孔结构特征,突出土层的地质变化和污染特征,每个岩芯箱至少1张照片。同时对钻孔过程、钻孔编号、钻孔深度及钻孔记录单进行拍照留存。

(5)本场地土壤钻孔结束后,应立即进行清理并恢复作业区地面。

(6)钻孔结束后,使用全球定位系统(GPS)或手持智能终端对钻孔的坐标进行复测,记录坐标和高程。

(7)钻孔过程中产生的污染土壤应统一收集和处理,对废弃的一次性手套、口罩等个人防护用品应按照一般固体废物处置要求进行收集处置。

Geoprobe 7822DT 钻机包括作业系统、动力系统与电气系统,可进行直推式或螺旋式土壤钻孔,同时配备 DT 22 双套管系统,可进行土壤样品不扰动采集,如图 5.1-1 所示。土壤钻孔采样记录单如图 5.1-2 所示。

图 5.1-1　采样相关设备

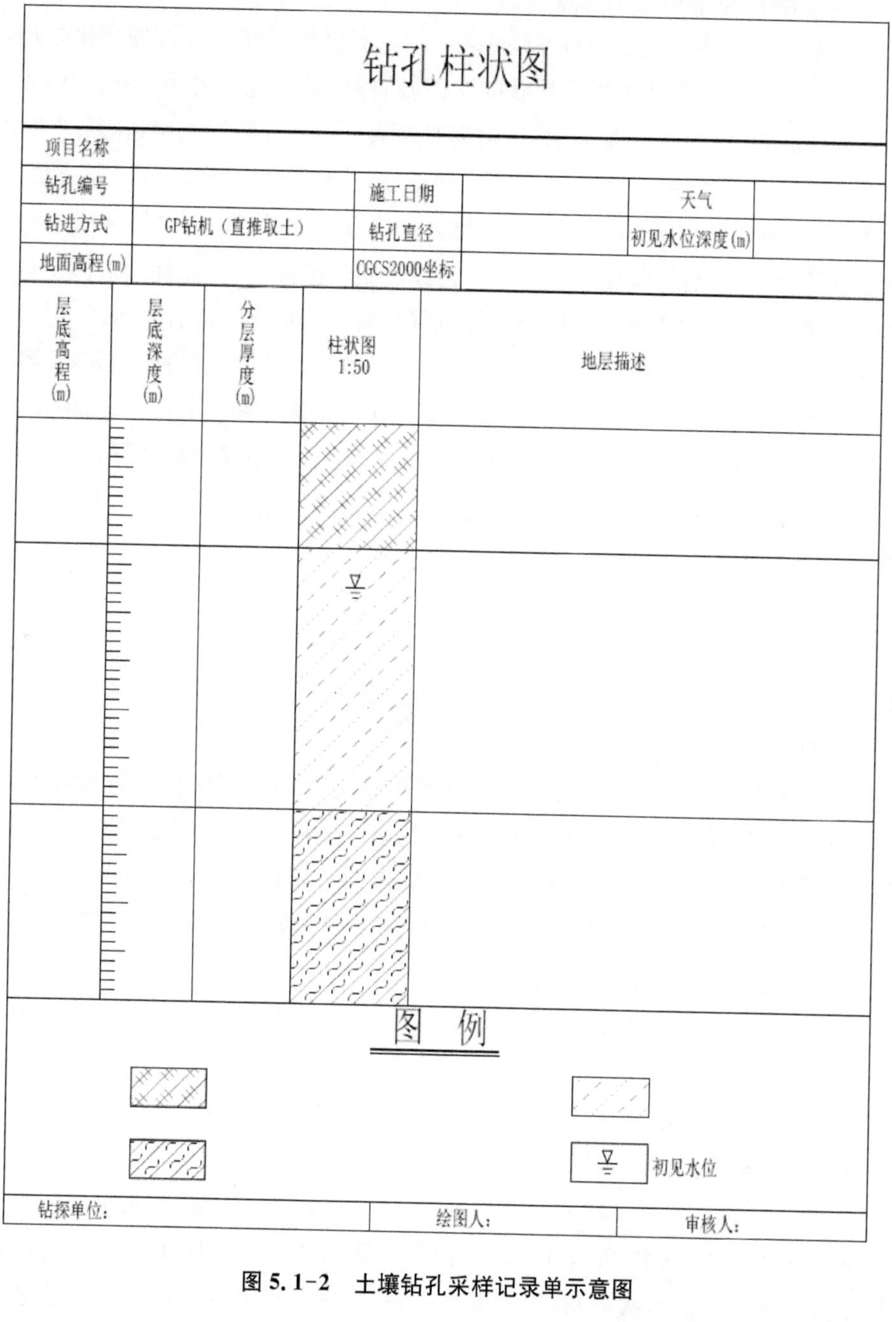

钻孔柱状图

项目名称						
钻孔编号			施工日期		天气	
钻进方式	GP钻机（直推取土）		钻孔直径		初见水位深度(m)	
地面高程(m)			CGCS2000坐标			

层底高程(m)	层底深度(m)	分层厚度(m)	柱状图 1:50	地层描述
			▽	

图 例

☑ 初见水位

钻探单位：		绘图人：	审核人：

图 5.1-2　土壤钻孔采样记录单示意图

5.1.2 土壤样品采集

1. 土壤样品采集技术要点

用于检测 VOCs 的土壤样品应单独采集,不允许对样品进行均质化处理,也不得采集混合样。取土器将柱状的钻探岩芯取出后,先采集用于检测 VOCs 的土壤样品,具体流程和要求如下:用刮刀剔除 1～2 cm 表层土壤,在新的土壤切面处快速采集样品;针对检测 VOCs 的土壤样品,应用非扰动采样器采集不少于 5 g 原状岩芯的土壤样品并将其推入加有 10 ml 甲醇(色谱级或农残级)保护剂的 40 ml 棕色样品瓶内,推入时将样品瓶略微倾斜,防止保护剂溅出;需做全程序空白样,须注意全程序空白样现场应打开等同于实际样品处理。用于检测含水率、重金属、SVOCs 等指标的土壤样品,可用采样铲将土壤转移至广口样品瓶内并装满填实。采样过程应剔除石块等杂质,保持采样瓶口螺纹清洁以防止密封不严。土壤装入样品瓶后,记录样品编码、采样日期和采样人员等信息。土壤采样完成后,样品瓶需用泡沫塑料袋包裹,随即放入现场带有冷冻蓝冰的样品箱内进行临时保存。

2. 土壤平行样和空白样要求

土壤平行样不少于地块总样品数的 10%。平行样应在土样同一位置采集,两者检测项目和检测方法应一致,在采样记录单中标注平行样编号及对应的土壤样品编号。

用于检测 VOCs 的土壤样品,在每次样品运输的过程中应设置运输空白样和全程序空白样各一个,即从实验室带到采样现场后又返回实验室的与运输过程和采样过程有关并与分析无关的样品,以便了解运输途中和采样过程中样品是否受到污染以及样品是否损失。全程序空白样要求在采样现场随样品开盖和密封,运输空白样现场不开盖。

全程序空白样:采样前在实验室将 10 ml 农残纯甲醇(土壤)或实验室纯水作为空白试剂水(地下水)放入 40 ml 样品瓶中密封,将其带到现场。与采样的样品瓶同时开盖和密封,并随样品运回实验室,按与样品相同的分析步骤进行前处理和上机检测。

运输空白样:采样前在实验室将 10 ml 农残纯甲醇(土壤)或实验室纯水作为空白试剂水(地下水)放入 40 ml 样品瓶中密封,将其带到现场。采样时保持其瓶盖一直处于密封状态,随样品运回实验室,按与样品相同的分析步骤进行前处理和上机检测。

3. 其他要求

土壤采样过程中应做好人员安全和健康防护,佩戴安全帽和一次性的口罩、手套,严禁用手直接采集土样,使用后废弃的个人防护用品应统一收集处置;采样前后应对采样器进行除污和清洗,不同土壤样品采集应更换手套,避免交叉污染;采样过程应填写土壤钻孔采样记录单。

5.1.3 土壤样品现场快速检测

现场采用 XRF 和 PID 进行快速检测的主要目的是对比不同深度样品间污染物含量的差异,通过样品间快速检测结果的相对异常来筛选取样位置;筛选时除了依据快速检测结果还应结合土壤的颜色、气味、油渍等进行专业判断。对于砂质、粉质土壤,如果存在明显异常气味、颜色或有油状物等可能存在 VOCs 污染的,应先进行 VOCs 样品的采集,再根据筛选结果决定送样深度(样品)。

根据地块污染情况,推荐使用光离子化检测仪(PID)对土壤 VOCs 进行快速检测,详见表 5.1-1 和图 5.1-3,使用 X 射线荧光光谱仪(XRF)对土壤重金属进行快速检测。根据地块污染情况和仪器灵敏度水平,设置 PID、XRF 等现场快速检测仪器的最低检测限和报警限,并将现场使用的便携式仪器的型号和最低检测限记录于土壤钻孔采样记录单上。

现场快速检测土壤中 VOCs 时,用采样铲在 VOCs 取样相同位置采集土壤置于聚乙烯自封袋中,自封袋中土壤样品体积应占 1/2～2/3 自封袋体积,取样后,自封袋应置于背光处,避免阳光直晒,取样后在 30 分钟内完成快速检测。检测时,将土样尽量揉碎,放置 10 分钟后摇晃或振荡自封袋约 30 秒,静置 2 分钟后将 PID 探头放入自封袋顶空 1/2 处,紧闭自封袋,记录最高读数。

将土壤样品现场快速检测结果记录于土壤钻孔采样记录单上,应根据现场快速检测结果辅助筛选送检土壤样品。

表 5.1-1 现场快速检测设备检测指标

序号	设备名称	型号	检测指标
1	便携式重金属分析仪(XRF)	Explorer 7000	As、Cu、Zn、Ni、Cd、Cr、Hg、Pb 等 15 种元素的含量
2	光离子化检测仪(PID)	PGM—7320 MiniRAE 3000	挥发性有机化合物(VOCs)

重金属快速检测　　　　　　　VOCs快速检测

图 5.1-3　土壤采样快速检测

5.1.4　地下水采样井建设

根据现场实地踏勘结合《重点行业企业用地调查样品采集保存和流转技术规定(试行)》中的相关规定,地下水采样井(图 5.1-4)建设过程包括钻孔、下管、填充滤料、密封止水、井台构筑(长期监测井需要)、成井洗井等步骤,具体要求如下:

1. 钻孔

利用土壤钻孔建井。

2. 下管

井管由白管和滤水管组成,白管采用直径 63 mm 的 UPVC 管,滤水管采用缝宽 0.2～0.5 mm 的割缝筛管,滤水管外包裹 2～3 层的 40 目尼龙网。该地块地下水采样井深度初步设定为 20.0 m,现场钻探时应不击穿隔水层,滤水管位置初步设定为地下 1.5～18.5 m,滤水管长度约 17 m,以便采集到地下废水池可能对地下水造成的污染。

下管前应校正孔深,按先后次序将井管逐根丈量、排列、编号、试扣,确保下管深度和滤水管安装位置准确无误。井管下放速度不宜太快,中途遇阻时可适当上下提动和转动井管,必要时应将井管提出,清除孔内障碍后再下管。下管完成后,将其扶正、固定,井管应与钻孔轴心重合。

3. 滤料填充

地下水采样井填料从下至上依次为滤料层、止水层、回填层,滤料层应从沉淀管底部一定距离到滤水管顶部以上 50 cm,止水层的填充高度应达到滤料层以上 50 cm。在钻杆起拔过程中,随起拔幅度逐步下滤料(石英砂),直至石英砂超过滤水管最高深度 30 cm 处,石英砂应沿着井管四周均匀填充,避免从单一方位填入,一边填充一边晃动井管,防止滤料填充时形成架桥或卡锁现象。滤料填充过程应进行测量,确保滤料填充至设计高度。

4. 密封止水

密封止水应从滤料层往上填充,直至距离地面 50 cm。拟采用膨润土球作为止水材料,每填充 10 cm 需向钻孔中均匀注入少量的清洁水,填充过程中应进行测量,确保止水材料填充至设计高度,静置待膨润土充分膨胀、水化和凝结,然后回填混凝土浆层。

5. 井台构筑

井台构筑通常分为明显式和隐藏式井台,隐藏式井台与地面齐平,适用于路面等特殊位置。在产企业地下水采样井应建成长期监测井。井台应设置标示牌,需注明采样井编号、负责人、联系方式等信息。

6. 成井洗井

地下水采样井建成至少 24 h 后,才能进行洗井。洗井时控制流速不超过 3.8 L/min,成井洗井达标直观判断水质基本上达到水清砂净(即基本透明无色、无沉砂),同时监测 pH、电导率、溶解氧、氧化还原电位、浊度、温度等 6 类参数值达到稳定(连续三次监测数值浮动在 ±10% 以内),或浊度小于 50NTU,或者出水体积应达到 3 倍以上井水体积(含滤料孔隙体积)。避免使用大流量抽水或高气压气提的洗井设备,以免损坏滤水管和滤料层。洗井过程要防止交叉污染,贝勒管洗井时应一井一管,气囊泵、潜水泵在洗井前要清洗泵体和管线,清洗废水要收集处置。

7. 成井记录单

成井后测量记录点位坐标及管口高程,填写成井记录单、地下水采样井洗井记录单;成井过程中对井管处理(滤水管钻孔或割缝、包网处理、井管连接等)、滤料填充和止水材料、洗井作业和洗井合格出水、井台构筑(含井牌)等关键环节或信息应拍照记录,每个环节不少于 1 张照片,以备质量控制。

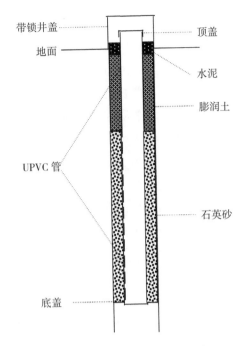

带锁井盖

顶盖

地面

水泥

膨润土

UPVC 管

石英砂

底盖

图 5.1-4 地下水采样井剖面示意图

5.1.5 地下水样品采集

1. 采样前洗井

根据现场实地踏勘结合《重点行业企业用地调查样品采集保存和流转技术规定（试行）》中的相关规定，采样前洗井要求如下：

1）核查成井洗井记录，计算时间间隔，成井洗井结束至少 48 h 后方可进行采样前洗井。

2）针对用于检测 VOCs 的样品采集，采样前洗井不得使用反冲、气洗的方式。

3）洗井时控制流速不超过 0.3 L/min。

4）出水体积达到 3 倍以上滞水体积，或现场检测数据达到《重点行业企业用地调查样品采集保存和流转技术规定（试行）》的要求即可。

2. 地下水样品采集

根据现场实地踏勘结合《重点行业企业用地调查样品采集保存和流转技术规定（试行）》中的相关规定，地下水样品采集要求如下：

1）采样洗井达到要求后，测量并记录水位，若地下水水位变化小于 10 cm，则可以立即采样;若地下水水位变化超过 10 cm,应待地下水位再次稳定后采样,若地下水回补速度较慢,原则上应在洗井后 2 h 内完成地下水采样。若洗井过程中发现水面有浮油类物质,需要在采样记录单里明确注明。

2)地下水样品采集中先对用于检测 VOCs 的水样进行采集,再采集用于检测其他水质指标的水样。对于未添加保护剂的样品瓶,地下水采样前需用待采集水样润洗 2~3 次。

使用贝勒管进行地下水样品采集,应缓慢沉降或提升贝勒管。取出后,通过调节贝勒管下端出水阀或低流量控制器,使水样沿瓶壁缓缓流入瓶中,直至在瓶口形成一向上弯月面,旋紧瓶盖,避免采样瓶中存在顶空和气泡。地下水装入样品瓶后,记录样品编码、采样日期和采样人员等信息,打印后贴到样品瓶上。地下水采集完成后,样品瓶应用泡沫塑料袋包裹,并立即放入现场装有冷冻蓝冰的样品箱内保存。

3)地下水平行样不少于地块总样品数的 10%,每个地块至少采集 1 份。

4)本次地下水采样井为非一次性的地下水采样设备,在采样前后需对采样设备进行清洗,清洗过程中产生的废水,应集中收集处置。

5)地下水采样过程中采样人员应佩戴安全帽和一次性的个人防护用品(口罩、手套等),废弃的个人防护用品等垃圾应集中收集处置。

6)对地块地下水样品采集过程中洗井、装样以及采样过程中现场快速监测等环节进行拍照记录,每个环节至少 1 张照片,以备质量控制。

5.1.6　土壤快筛结果及样品送检

本次调查对土壤样品进行分层采样,由于调查地块涉及的特征污染物主要为重金属,土样的筛选主要参照现场 XRF 读数,同时考虑 PID 数据以及土样的气味和颜色。最后每个土孔筛选 4 个土样装入实验室提供的玻璃瓶里,最终运送到实验室进行化学分析。

具体快筛结果及样品送检情况见表 5.1-2。

表 5.1-2 快筛结果及样品送检表

采样点编号	采样深度	PID (ppm)	XRF 读数 (ppm)									是否送检
			As	Cd	Cr	Cu	Pb	Zn	Hg	Ni	Sb	
S1－0.5	0.0~0.5 m	0.784	1.64	2.94	3.64	3.14	2.64	52	4.63	2.18	3.64	是
S1－1.0	0.5~1.0 m	1.645	3.14	6.87	5.63	3.64	4.65	79	5.78	4.68	4.87	否
S1－1.5	1.0~1.5 m	1.135	2.83	5.45	7.15	4.56	3.84	84	4.27	3.92	5.45	是
S1－2.0	1.5~2.0 m	1.245	4.85	6.13	ND	2.97	3.75	63	8.69	4.57	7.18	否
S1－2.5	2.0~2.5 m	0.638	6.12	7.14	6.83	3.18	4.95	57	11.32	3.63	6.46	否
S1－3.0	2.5~3.0 m	1.058	5.82	5.27	6.24	ND	5.21	69	7.68	5.87	7.87	是
S1－4.0	3.0~4.0 m	0.945	6.73	4.36	5.75	4.16	6.46	84	5.43	4.21	6.24	否
S1－5.0	4.0~5.0 m	0.757	4.58	ND	4.63	2.98	5.87	21	3.21	3.15	5.63	否
S1－6.0	5.0~6.0 m	0.845	5.64	ND	4.95	4.63	4.63	39	4.63	4.73	5.45	是
S2－0.5	0.0~0.5 m	1.164	1.98	3.87	1.45	5.64	2.93	58	2.04	1.75	2.14	是
S2－1.0	0.5~1.0 m	1.038	6.87	5.64	5.32	7.63	4.87	74	1.69	2.64	2.64	否
S2－1.5	1.0~1.5 m	0.924	7.45	7.13	1.13	5.48	6.42	83	3.45	3.63	3.64	否
S2－2.0	1.5~2.0 m	0.752	3.68	6.27	5.78	3.26	5.48	65	4.73	4.84	4.75	是
S2－2.5	2.0~2.5 m	0.639	6.54	4.57	7.14	5.87	3.63	71	2.89	3.84	6.76	否
S2－3.0	2.5~3.0 m	1.042	ND	5.67	5.32	3.64	4.75	89	3.69	6.45	5.46	是
S2－4.0	3.0~4.0 m	1.156	2.63	ND	6.75	4.15	4.14	94	3.14	5.87	4.75	否

续表

采样点编号	采样深度	PID (ppm)	XRF 读数(ppm)									是否送检
			As	Cd	Cr	Cu	Pb	Zn	Hg	Ni	Sb	
S2-5.0	4.0~5.0 m	0.548	5.81	6.45	4.73	ND	5.63	73	3.84	ND	3.64	否
S2-6.0	5.0~6.0 m	0.463	4.75	5.13	ND	1.64	3.89	52	2.98	3.54	4.68	是
S3-0.5	0.0~0.5 m	3.245	4.16	3.85	7.85	7.21	6.83	46	4.65	5.62	3.85	是
S3-1.0	0.5~1.0 m	2.628	3.27	3.21	6.46	6.45	4.15	39	3.92	5.15	3.14	否
S3-1.5	1.0~1.5 m	1.841	ND	2.64	4.32	5.48	3.26	21	3.64	3.64	2.62	否
S3-2.0	1.5~2.0 m	1.358	ND	ND	ND	4.16	2.14	37	2.73	2.92	2.51	是
S3-2.5	2.0~2.5 m	0.964	2.96	1.98	3.61	2.14	ND	41	2.21	2.15	1.89	否
S3-3.0	2.5~3.0 m	0.812	ND	ND	2.95	ND	1.83	39	1.65	2.32	1.62	是
S3-4.0	3.0~4.0 m	0.724	2.12	1.21	1.63	1.63	ND	26	ND	1.64	ND	否
S3-5.0	4.0~5.0 m	0.548	1.63	ND	ND	ND	1.15	18	1.14	1.92	1.43	否
S3-6.0	5.0~6.0 m	0.412	ND	ND	ND	1.02	1.26	21	1.17	1.36	1.21	是
S4-0.5	0.0~0.5 m	2.146	3.16	2.56	6.47	6.41	721.42	74	2.17	3.29	3.11	是
S4-1.0	0.5~1.0 m	1.869	2.84	ND	6.32	5.81	826.16	68	1.65	2.68	3.02	是
S4-1.5	1.0~1.5 m	1.648	ND	1.84	6.14	3.62	5.37	59	ND	2.45	4.14	是
S4-2.0	1.5~2.0 m	1.354	ND	1.63	5.26	2.88	ND	46	1.46	2.06	2.85	否
S4-2.5	2.0~2.5 m	1.165	1.45	ND	2.05	ND	3.14	37	1.57	1.63	3.16	否

续表

采样点编号	采样深度	PID (ppm)	XRF 读数（ppm）									是否送检
			As	Cd	Cr	Cu	Pb	Zn	Hg	Ni	Sb	
S4-3.0	2.5~3.0 m	0.964	ND	1.46	3.17	2.42	ND	41	ND	1.52	2.14	否
S4-4.0	3.0~4.0 m	0.758	1.56	ND	1.64	ND	2.16	39	1.63	ND	2.02	是
S4-5.0	4.0~5.0 m	0.642	ND	7.51	ND	1.64	ND	28	1.72	1.42	1.87	否
S4-6.0	5.0~6.0 m	0.495	ND	ND	ND	1.15	1.64	31	1.62	1.27	1.75	否
S5-0.5	0.0~0.5 m	1.793	2.14	2.98	6.73	5.46	7.11	61	1.12	2.94	2.55	是
S5-1.0	0.5~1.0 m	1.546	ND	2.72	6.15	6.98	6.16	66	1.06	2.56	3.01	否
S5-1.5	1.0~1.5 m	1.326	ND	2.14	6.13	9.14	6.78	51	ND	2.47	2.36	是
S5-2.0	1.5~2.0 m	1.045	1.64	ND	6.12	5.26	6.85	58	2.04	1.33	2.15	否
S5-2.5	2.0~2.5 m	0.998	1.15	ND	6.43	4.93	5.66	54	2.13	ND	ND	否
S5-3.0	2.5~3.0 m	1.142	ND	1.26	5.21	ND	3.24	52	1.92	ND	3.46	是
S5-4.0	3.0~4.0 m	0.896	ND	2.73	3.24	3.14	1.82	42	ND	1.91	ND	否
S5-5.0	4.0~5.0 m	0.704	ND	2.14	ND	ND	2.11	31	1.96	2.15	4.11	是
S5-6.0	5.0~6.0 m	0.749	ND	ND	ND	ND	1.23	29	ND	ND	1.14	否
S6-0.5	0.0~0.5 m	0.963	2.63	1.72	3.14	6.74	1.89	18	1.63	2.89	2.64	是
S6-1.0	0.5~1.0 m	1.758	5.78	3.64	6.72	7.15	3.64	36	1.75	6.75	3.73	否
S6-1.5	1.0~1.5 m	1.243	3.12	6.75	4.15	5.48	2.75	47	3.64	4.75	6.15	是

采样点编号	采样深度	PID (ppm)	XRF 读数（ppm）									是否送检
			As	Cd	Cr	Cu	Pb	Zn	Hg	Ni	Sb	
S6-2.0	1.5~2.0 m	0.657	4.68	3.78	5.87	1.63	4.85	21	2.15	3.64	4.58	否
S6-2.5	2.0~2.5 m	1.475	2.78	4.12	3.72	2.98	6.74	75	4.75	5.82	3.21	否
S6-3.0	2.5~3.0 m	1.215	3.16	5.36	8.64	4.75	7.13	84	1.63	7.13	2.64	是
S6-4.0	3.0~4.0 m	0.456	4.14	4.75	7.15	3.89	5.17	63	2.92	6.49	4.67	否
S6-5.0	4.0~5.0 m	0.985	6.87	2.64	4.27	5.46	4.26	47	4.78	3.27	7.83	否
S6-6.0	5.0~6.0 m	0.164	3.75	2.98	3.89	4.78	5.13	51	5.11	4.16	6.27	是
S7-0.5	0.0~0.5 m	2.963	2.63	3.12	7.15	6.48	7.56	69	1.98	3.15	4.14	是
S7-1.0	0.5~1.0 m	2.745	2.41	2.62	6.46	5.41	6.47	61	1.64	2.65	3.48	否
S7-1.5	1.0~1.5 m	2.631	2.36	2.45	5.83	ND	5.83	56	1.45	2.42	3.27	否
S7-2.0	1.5~2.0 m	1.642	1.64	2.31	3.14	2.46	3.62	49	ND	1.63	2.62	是
S7-2.5	2.0~2.5 m	1.502	1.51	2.24	ND	2.15	2.91	43	ND	1.42	2.43	否
S7-3.0	2.5~3.0 m	1.214	1.42	1.63	2.15	1.16	2.45	39	1.15	1.21	2.37	是
S7-4.0	3.0~4.0 m	0.962	1.14	1.15	ND	1.27	ND	42	ND	ND	1.62	否
S7-5.0	4.0~5.0 m	0.653	ND	1.21	1.62	ND	1.63	31	1.64	1.67	1.58	是
S7-6.0	5.0~6.0 m	0.512	ND	ND	ND	ND	1.41	26	1.31	1.53	1.46	否
S8-0.5	0.0~0.5 m	2.875	3.26	4.11	7.62	6.85	1 682.16	61	4.75	4.16	4.58	是

采样点编号	采样深度	PID (ppm)	XRF 读数 (ppm)									是否送检
			As	Cd	Cr	Cu	Pb	Zn	Hg	Ni	Sb	
S8-1.0	0.5~1.0 m	2.645	2.98	3.49	6.84	5.83	7.37	52	4.16	3.75	4.12	否
S8-1.5	1.0~1.5 m	1.687	2.14	ND	6.71	5.14	6.84	46	4.02	3.26	4.03	是
S8-2.0	1.5~2.0 m	1.145	2.62	ND	5.82	4.62	5.69	37	3.63	3.15	2.89	否
S8-2.5	2.0~2.5 m	0.657	2.53	2.86	ND	3.17	4.37	41	3.24	3.04	2.14	是
S8-3.0	2.5~3.0 m	0.724	ND	ND	4.63	3.06	ND	44	2.98	2.18	2.35	否
S8-4.0	3.0~4.0 m	0.563	ND	2.15	3.14	2.92	4.12	42	2.62	ND	1.89	否
S8-5.0	4.0~5.0 m	0.428	1.46	ND	ND	1.64	3.63	35	2.15	2.12	1.64	是
S8-6.0	5.0~6.0 m	0.362	ND	ND	ND	ND	2.15	29	1.73	1.85	1.53	否
S9-0.5	0.0~0.5 m	3.684	3.46	3.16	8.18	7.85	8.92	72	4.12	3.92	3.45	是
S9-1.0	0.5~1.0 m	2.756	2.87	2.45	7.63	6.16	7.14	69	4.03	3.63	3.13	否
S9-1.5	1.0~1.5 m	2.432	2.14	ND	6.52	5.84	6.56	61	3.65	2.85	2.82	否
S9-2.0	1.5~2.0 m	1.689	2.63	ND	4.14	5.12	5.14	58	3.12	2.61	2.61	是
S9-2.5	2.0~2.5 m	0.845	ND	1.62	ND	4.21	4.63	49	2.63	1.89	1.89	否
S9-3.0	2.5~3.0 m	1.042	1.92	ND	3.85	3.62	3.87	51	2.14	2.04	2.02	是
S9-4.0	3.0~4.0 m	0.763	ND	1.61	ND	2.92	3.21	46	2.02	1.92	2.14	否
S9-5.0	4.0~5.0 m	0.658	1.21	ND	3.14	ND	1.69	47	1.64	1.83	1.63	是

采样点编号	采样深度	PID (ppm)	XRF 读数(ppm)									是否送检
			As	Cd	Cr	Cu	Pb	Zn	Hg	Ni	Sb	
S9-6.0	5.0~6.0 m	0.269	ND	ND	ND	ND	1.38	39	1.85	1.49	1.15	否
S10-0.5	0.0~0.5 m	2.857	3.64	2.78	7.63	7.21	8.63	63	3.68	4.18	4.68	是
S10-1.0	0.5~1.0 m	2.465	3.15	2.63	6.84	7.02	6.12	58	2.75	4.02	4.44	否
S10-1.5	1.0~1.5 m	2.314	2.63	2.42	6.52	5.89	5.84	51	2.14	3.64	3.62	否
S10-2.0	1.5~2.0 m	2.216	ND	1.85	5.46	4.63	3.16	46	1.86	2.85	2.62	否
S10-2.5	2.0~2.5 m	1.856	1.78	ND	4.13	5.14	3.87	52	1.73	3.14	2.85	是
S10-3.0	2.5~3.0 m	1.632	1.62	1.64	ND	ND	ND	58	1.84	2.72	3.01	否
S10-4.0	3.0~4.0 m	0.945	ND	ND	2.15	3.64	1.98	37	ND	2.46	1.62	是
S10-5.0	4.0~5.0 m	0.478	1.52	1.36	1.42	1.78	1.64	41	1.62	2.02	1.41	否
S10-6.0	5.0~6.0 m	0.412	ND	ND	ND	1.12	1.32	36	1.47	1.83	1.28	是
S11-0.5	0.0~0.5 m	1.963	3.54	4.13	8.59	5.78	10.64	71	1.69	4.11	2.92	是
S11-1.0	0.5~1.0 m	1.847	2.98	3.84	7.63	4.95	9.96	64	1.68	4.58	3.68	否
S11-1.5	1.0~1.5 m	1.625	1.96	3.62	8.14	4.57	8.78	72	1.75	3.98	4.15	否
S11-2.0	1.5~2.0 m	1.614	1.45	3.51	7.56	4.65	9.14	74	ND	4.15	4.27	是
S11-2.5	2.0~2.5 m	1.215	ND	2.49	7.28	ND	8.63	68	ND	3.24	3.16	否
S11-3.0	2.5~3.0 m	0.984	ND	ND	6.33	ND	7.65	69	1.04	2.95	2.95	是

采样点编号	采样深度	PID(ppm)	XRF 读数(ppm)									是否送检
			As	Cd	Cr	Cu	Pb	Zn	Hg	Ni	Sb	
S11-4.0	3.0~4.0 m	0.632	1.06	1.08	5.42	4.15	6.24	54	ND	3.17	1.14	否
S11-5.0	4.0~5.0 m	0.504	1.03	ND	3.16	3.02	7.15	32	1.03	2.92	1.06	是
S11-6.0	5.0~6.0 m	0.415	ND	ND	ND	ND	3.16	29	ND	1.98	ND	否
S12-0.5	0.0~0.5 m	3.147	4.16	3.98	7.65	6.75	9.83	54	1.89	4.15	3.13	是
S12-1.0	0.5~1.0 m	2.148	3.92	4.16	6.82	5.06	9.63	48	3.18	3.97	3.85	否
S12-1.5	1.0~1.5 m	1.063	2.45	4.35	6.79	4.18	ND	47	2.92	4.65	4.15	是
S12-2.0	1.5~2.0 m	1.042	2.13	3.14	7.03	4.15	ND	39	2.94	3.83	3.16	否
S12-2.5	2.0~2.5 m	0.969	1.65	ND	6.84	4.17	ND	ND	2.65	4.12	2.83	是
S12-3.0	2.5~3.0 m	0.873	ND	ND	6.52	3.24	6.18	41	ND	3.56	2.75	否
S12-4.0	3.0~4.0 m	0.792	ND	1.21	6.15	2.15	6.42	52	ND	2.92	1.64	是
S12-5.0	4.0~5.0 m	0.649	1.02	ND	4.37	2.02	ND	54	1.63	1.63	ND	否
S12-6.0	5.0~6.0 m	0.585	ND	ND	ND	ND	1.08	46	1.45	1.37	ND	否
S13-0.5	0.0~0.5 m	2.874	4.76	4.26	6.92	7.17	8.59	66	2.15	4.17	2.98	是
S13-1.0	0.5~1.0 m	2.622	4.15	3.74	6.83	6.55	7.64	72	2.46	3.56	3.19	否
S13-1.5	1.0~1.5 m	2.045	3.64	4.06	5.75	4.16	3.18	58	1.63	2.94	3.34	是
S13-2.0	1.5~2.0 m	1.632	3.15	3.58	4.96	3.18	ND	51	ND	3.21	3.48	否

采样点编号	采样深度	PID (ppm)	XRF 读数 (ppm)									是否送检
			As	Cd	Cr	Cu	Pb	Zn	Hg	Ni	Sb	
S13-2.5	2.0~2.5 m	1.429	2.87	3.15	ND	ND	4.15	49	1.75	3.45	2.93	否
S13-3.0	2.5~3.0 m	1.156	1.63	2.74	1.03	1.45	3.62	53	1.64	2.14	ND	否
S13-4.0	3.0~4.0 m	1.023	ND	ND	ND	1.21	2.75	42	2.01	ND	1.85	是
S13-5.0	4.0~5.0 m	0.865	ND	1.06	1.08	ND	2.06	41	1.26	1.03	1.76	否
S13-6.0	5.0~6.0 m	0.429	ND	ND	ND	1.04	1.84	36	1.84	ND	1.94	是
S14-0.5	0.0~0.5 m	0.864	3.63	2.14	2.98	2.15	1.89	41	4.15	4.67	5.41	是
S14-1.0	0.5~1.0 m	1.452	4.75	3.65	4.63	8.63	6.84	64	3.63	3.84	4.92	否
S14-1.5	1.0~1.5 m	0.587	2.85	4.14	3.17	7.12	5.87	79	4.75	5.75	3.64	否
S14-2.0	1.5~2.0 m	1.634	3.14	5.63	4.15	4.63	4.21	85	5.84	6.14	7.15	是
S14-2.5	2.0~2.5 m	1.284	5.16	7.12	5.64	5.15	3.64	42	7.12	4.57	6.42	否
S14-3.0	2.5~3.0 m	1.632	4.75	6.54	6.83	4.21	2.95	75	6.45	6.72	5.63	是
S14-4.0	3.0~4.0 m	0.848	3.92	7.15	7.12	3.64	7.18	64	5.48	4.35	4.15	否
S14-5.0	4.0~5.0 m	1.152	3.56	6.52	5.48	2.92	6.96	53	3.62	5.41	3.64	是
S14-6.0	5.0~6.0 m	0.689	2.57	5.06	4.18	3.57	4.21	48	4.15	3.26	4.84	否
S15-0.5	0.0~0.5 m	1.463	1.65	3.72	2.94	4.15	2.15	74	1.95	2.14	2.64	是
S15-1.0	0.5~1.0 m	1.215	4.85	5.63	3.63	7.46	3.69	62	6.45	4.63	6.72	否

续表

采样点编号	采样深度	PID (ppm)	XRF 读数(ppm)									是否送检
			As	Cd	Cr	Cu	Pb	Zn	Hg	Ni	Sb	
S15-1.5	1.0~1.5 m	0.645	5.14	4.15	4.57	6.54	4.15	84	5.42	5.15	5.49	是
S15-2.0	1.5~2.0 m	0.983	2.12	2.92	3.92	5.32	3.81	53	3.14	3.87	4.38	否
S15-2.5	2.0~2.5 m	1.272	ND	ND	5.64	4.14	4.59	51	4.75	4.15	3.14	否
S15-3.0	2.5~3.0 m	1.146	ND	1.64	ND	5.45	6.14	41	5.14	3.27	4.04	否
S15-4.0	3.0~4.0 m	0.356	1.85	5.74	6.15	8.64	7.15	52	3.99	6.11	4.69	是
S15-5.0	4.0~5.0 m	0.439	4.63	3.85	ND	7.12	5.84	58	4.75	4.85	5.45	否
S15-6.0	5.0~6.0 m	0.687	ND	ND	4.14	5.46	4.92	64	5.81	4.11	3.63	是
S16-0.5	0.0~0.5 m	0.675	4.43	1.89	3.85	1.89	3.84	39	3.65	4.78	6.27	是
S16-1.0	0.5~1.0 m	1.645	1.68	3.64	4.67	4.84	6.57	46	4.72	6.27	1.43	否
S16-1.5	1.0~1.5 m	1.143	3.72	4.58	6.89	6.87	4.15	37	6.87	5.42	5.37	否
S16-2.0	1.5~2.0 m	2.637	1.83	4.23	7.52	5.66	ND	54	7.65	3.63	4.21	否
S16-2.5	2.0~2.5 m	4.152	1.67	3.85	6.54	4.35	3.24	62	5.16	8.57	1.64	是
S16-3.0	2.5~3.0 m	1.638	2.85	5.87	5.31	2.92	ND	57	4.21	4.63	3.85	否
S16-4.0	3.0~4.0 m	1.045	3.14	6.45	4.27	3.64	6.77	69	6.43	6.65	4.12	是
S16-5.0	4.0~5.0 m	0.475	2.98	5.75	6.75	4.75	5.42	86	5.15	4.65	3.26	否
S16-6.0	5.0~6.0 m	0.683	3.26	4.72	5.45	3.84	4.18	49	4.75	4.86	4.77	是

采样点编号	采样深度	PID (ppm)	XRF 读数 (ppm)									是否送检
			As	Cd	Cr	Cu	Pb	Zn	Hg	Ni	Sb	
S17-0.5	0.0~0.5 m	2.864	2.65	3.14	6.65	5.92	7.63	73	2.64	3.15	3.65	是
S17-1.0	0.5~1.0 m	2.625	1.64	1.98	5.12	4.63	6.91	61	2.14	2.92	2.78	否
S17-1.5	1.0~1.5 m	1.859	ND	1.21	4.63	3.87	6.14	34	1.96	2.14	2.62	否
S17-2.0	1.5~2.0 m	1.642	1.13	1.36	3.15	2.65	5.43	46	1.45	1.65	2.41	是
S17-2.5	2.0~2.5 m	1.369	ND	ND	1.69	ND	4.21	29	1.14	1.56	1.69	否
S17-3.0	2.5~3.0 m	0.964	ND	1.14	2.02	1.62	3.62	41	1.26	1.41	1.82	是
S17-4.0	3.0~4.0 m	0.645	1.21	1.21	ND	ND	1.63	46	1.36	1.32	1.75	否
S17-5.0	4.0~5.0 m	0.327	ND	ND	1.14	1.27	ND	39	1.29	1.29	1.63	是
S17-6.0	5.0~6.0 m	0.198	ND	ND	ND	ND	1.45	32	1.18	1.21	1.58	否
S18-0.5	0.0~0.5 m	3.456	3.44	4.12	7.18	5.92	7.36	69	2.15	2.42	7.36	是
S18-1.0	0.5~1.0 m	2.921	2.96	3.62	6.92	4.12	6.14	64	1.95	2.12	6.42	否
S18-1.5	1.0~1.5 m	1.647	2.43	2.94	6.13	3.63	5.89	62	ND	1.98	5.18	否
S18-2.0	1.5~2.0 m	1.152	1.63	2.81	5.85	2.92	4.62	51	ND	ND	3.16	否
S18-2.5	2.0~2.5 m	0.963	1.29	2.62	4.92	2.62	3.98	56	1.63	1.64	2.92	是
S18-3.0	2.5~3.0 m	0.654	1.14	2.36	3.14	1.95	3.64	49	ND	ND	2.84	否
S18-4.0	3.0~4.0 m	0.469	ND	1.64	ND	ND	2.15	42	1.42	1.15	2.62	否

典型涉重企业土壤污染状况调查研究

采样点编号	采样深度	PID (ppm)	XRF 读数 (ppm)									是否送检
			As	Cd	Cr	Cu	Pb	Zn	Hg	Ni	Sb	
S18-5.0	4.0~5.0 m	0.332	ND	ND	2.11	1.64	2.02	36	1.47	1.46	2.15	是
S18-6.0	5.0~6.0 m	0.198	ND	ND	ND	ND	1.89	31	1.51	1.31	1.93	是
S19-0.5	0.0~0.5 m	1.134	1.69	2.86	3.63	3.14	1.74	98	3.64	6.75	4.11	是
S19-1.0	0.5~1.0 m	1.687	3.87	4.75	5.48	7.15	3.63	63	6.58	5.84	3.63	否
S19-1.5	1.0~1.5 m	1.452	4.64	5.85	3.27	4.26	4.52	95	6.12	3.27	4.21	是
S19-2.0	1.5~2.0 m	0.963	3.85	7.14	4.13	3.17	5.17	78	7.14	7.15	5.87	否
S19-2.5	2.0~2.5 m	0.645	2.64	8.72	3.85	8.54	4.14	56	8.36	3.16	7.16	否
S19-3.0	2.5~3.0 m	1.105	5.75	6.27	7.15	3.17	6.36	45	5.75	2.36	4.39	否
S19-4.0	3.0~4.0 m	1.432	4.63	4.53	6.43	4.25	7.15	57	4.72	4.15	5.14	是
S19-5.0	4.0~5.0 m	0.675	6.85	6.75	6.45	3.86	5.48	85	3.16	6.38	4.16	否
S19-6.0	5.0~6.0 m	0.863	5.14	3.29	7.12	5.22	3.75	91	4.59	5.12	3.98	是
S20-0.5	0.0~0.5 m	2.436	2.69	3.18	9.17	4.96	10.15	74	1.63	3.58	2.98	是
S20-1.0	0.5~1.0 m	2.317	ND	2.96	8.75	3.75	10.26	63	1.42	4.17	2.16	否
S20-1.5	1.0~1.5 m	2.145	ND	2.76	6.14	3.64	10.86	71	ND	4.23	3.36	是
S20-2.0	1.5~2.0 m	2.098	ND	2.03	ND	ND	9.17	62	ND	ND	ND	否
S20-2.5	2.0~2.5 m	1.974	ND	1.64	ND	ND	8.14	58	1.27	3.16	ND	是

采样点编号	采样深度	PID (ppm)	XRF 读数 (ppm)									是否送检
			As	Cd	Cr	Cu	Pb	Zn	Hg	Ni	Sb	
S20－3.0	2.5～3.0 m	1.962	ND	ND	7.13	2.12	7.63	49	1.26	2.98	4.17	否
S20－4.0	3.0～4.0 m	1.412	ND	1.15	ND	1.95	6.52	46	1.45	2.74	3.35	否
S20－5.0	4.0～5.0 m	0.989	ND	1.24	2.16	1.46	6.06	41	1.46	2.25	ND	是
S20－6.0	5.0～6.0 m	0.605	ND	ND	ND	ND	3.56	43	ND	ND	1.96	否
S21－0.5	0.0～0.5 m	1.963	2.14	3.16	7.89	4.63	8.15	64	1.29	2.83	3.16	是
S21－1.0	0.5～1.0 m	1.764	1.64	2.14	8.46	3.96	7.19	66	ND	1.96	3.46	否
S21－1.5	1.0～1.5 m	1.656	1.39	1.96	6.15	4.11	8.96	77	1.24	1.98	1.78	是
S21－2.0	1.5～2.0 m	1.749	ND	ND	4.37	3.24	7.15	64	ND	ND	ND	否
S21－2.5	2.0～2.5 m	1.658	1.13	1.85	ND	2.16	6.14	58	1.36	ND	ND	否
S21－3.0	2.5～3.0 m	1.326	ND	ND	6.96	ND	5.43	49	ND	ND	1.14	否
S21－4.0	3.0～4.0 m	0.984	1.24	1.71	5.13	1.85	5.26	52	1.49	1.46	ND	是
S21－5.0	4.0～5.0 m	0.762	ND	ND	2.47	1.74	5.02	46	ND	1.08	1.26	否
S21－6.0	5.0～6.0 m	0.684	ND	ND	ND	ND	3.04	31	ND	1.21	1.15	是
S22－0.5	0.0～0.5 m	2.845	3.75	4.33	8.15	7.82	8.96	61	2.16	3.98	4.77	是
S22－1.0	0.5～1.0 m	2.631	3.26	3.16	6.14	7.64	8.62	54	1.95	3.63	4.15	否
S22－1.5	1.0～1.5 m	2.542	2.98	ND	4.21	6.59	8.54	58	1.64	3.05	3.14	否

典型涉重企业土壤污染状况调查研究

采样点编号	采样深度	PID (ppm)	XRF 读数（ppm）									是否送检
			As	Cd	Cr	Cu	Pb	Zn	Hg	Ni	Sb	
S22 - 2.0	1.5~2.0 m	1.969	3.02	1.78	5.39	5.85	6.72	51	1.05	4.11	3.02	是
S22 - 2.5	2.0~2.5 m	1.645	2.95	ND	2.85	ND	ND	49	1.17	ND	2.92	否
S22 - 3.0	2.5~3.0 m	1.437	2.14	2.04	ND	3.64	5.64	52	ND	3.14	1.64	是
S22 - 4.0	3.0~4.0 m	1.156	ND	2.32	1.04	3.02	4.65	39	1.64	2.64	ND	否
S22 - 5.0	4.0~5.0 m	0.904	ND	ND	1.16	ND	3.14	42	1.58	1.85	2.01	是
S22 - 6.0	5.0~6.0 m	0.463	ND	ND	ND	ND	1.64	36	1.12	1.74	1.39	否
S23 - 0.5	0.0~0.5 m	3.114	2.64	7.64	6.72	7.84	933.89	24	4.69	6.49	5.48	是
S23 - 1.0	0.5~1.0 m	4.263	ND	6.56	4.84	6.92	4.64	57	3.87	5.63	3.62	否
S23 - 1.5	1.0~1.5 m	3.984	7.69	ND	3.63	8.63	ND	36	4.64	ND	4.88	否
S23 - 2.0	1.5~2.0 m	5.763	4.84	3.27	5.75	7.14	1.69	49	2.98	3.67	3.16	是
S23 - 2.5	2.0~2.5 m	4.629	2.87	ND	4.29	ND	4.57	51	3.12	ND	4.38	是
S23 - 3.0	2.5~3.0 m	3.218	3.65	4.58	3.87	5.47	3.26	64	4.45	7.15	3.84	否
S23 - 4.0	3.0~4.0 m	3.846	4.72	3.62	4.24	3.65	ND	72	3.98	ND	2.89	否
S23 - 5.0	4.0~5.0 m	2.672	3.64	4.15	3.63	4.12	4.21	58	3.87	4.86	3.12	是
S23 - 6.0	5.0~6.0 m	2.463	ND	ND	1.02	2.37	3.87	36	2.64	3.57	4.11	否
S24 - 0.5	0.0~0.5 m	0.462	1.67	2.47	5.63	3.78	2.75	27	2.64	3.14	3.16	是

采样点编号	采样深度	PID (ppm)	XRF 读数 (ppm)									是否送检
			As	Cd	Cr	Cu	Pb	Zn	Hg	Ni	Sb	
S24 - 1.0	0.5~1.0 m	1.765	7.14	6.87	8.14	7.64	2.14	36	1.15	4.25	4.15	否
S24 - 1.5	1.0~1.5 m	1.432	6.87	3.14	6.24	5.45	3.65	84	2.37	5.63	3.84	否
S24 - 2.0	1.5~2.0 m	2.687	2.15	5.85	5.48	6.72	1 364.73	63	4.62	4.15	2.92	是
S24 - 2.5	2.0~2.5 m	0.964	6.66	2.63	1.72	5.48	5.45	72	3.85	3.65	3.87	否
S24 - 3.0	2.5~3.0 m	0.432	7.72	8.75	3.68	3.62	6.27	47	7.84	4.73	4.15	否
S24 - 4.0	3.0~4.0 m	1.115	5.48	6.43	4.21	4.12	4.63	36	1.98	6.15	3.96	是
S24 - 5.0	4.0~5.0 m	0.893	4.16	3.14	2.83	3.75	2.95	41	2.14	5.84	4.35	否
S24 - 6.0	5.0~6.0 m	0.493	3.45	4.16	5.14	3.42	894.75	29	3.89	4.73	3.44	是
S25 - 0.5	0.0~0.5 m	1.146	2.64	3.16	2.98	6.14	1343.61	64	2.94	1.69	2.94	是
S25 - 1.0	0.5~1.0 m	0.923	1.15	4.18	3.46	3.67	984.75	96	4.68	2.78	8.78	是
S25 - 1.5	1.0~1.5 m	1.368	6.78	3.64	5.64	5.27	4.63	85	7.68	3.94	6.42	否
S25 - 2.0	1.5~2.0 m	0.845	5.43	7.15	6.78	4.38	5.64	73	6.44	4.85	7.13	否
S25 - 2.5	2.0~2.5 m	1.214	2.15	6.56	7.14	7.14	ND	54	5.63	5.73	3.16	否
S25 - 3.0	2.5~3.0 m	1.657	5.78	7.15	5.21	6.48	7.15	63	4.14	6.12	5.48	是
S25 - 4.0	3.0~4.0 m	1.457	4.64	6.42	4.96	7.15	ND	67	5.78	3.68	2.16	否
S25 - 5.0	4.0~5.0 m	0.699	6.53	5.49	3.85	4.32	5.42	74	6.47	4.14	1.14	是

续表

采样点编号	采样深度	PID (ppm)	XRF 读数 (ppm)									是否送检
			As	Cd	Cr	Cu	Pb	Zn	Hg	Ni	Sb	
S25-6.0	5.0~6.0 m	0.732	4.92	4.63	4.14	5.63	4.21	79	4.14	4.69	4.32	否
S26-0.5	0.0~0.5 m	2.658	2.43	3.16	7.15	6.87	7.64	76	1.69	3.15	3.46	是
S26-1.0	0.5~1.0 m	2.421	2.14	2.96	6.72	6.16	6.92	71	1.57	2.96	3.19	否
S26-1.5	1.0~1.5 m	2.136	1.95	2.85	6.43	5.78	5.84	64	ND	2.43	3.04	否
S26-2.0	1.5~2.0 m	1.954	1.63	2.41	5.85	4.96	4.93	59	ND	1.96	2.95	否
S26-2.5	2.0~2.5 m	1.657	1.47	2.32	4.95	3.64	3.75	56	1.14	1.75	2.81	是
S26-3.0	2.5~3.0 m	0.986	ND	1.98	3.64	ND	3.21	51	ND	ND	2.72	否
S26-4.0	3.0~4.0 m	0.642	ND	1.87	2.17	2.06	2.98	49	ND	1.42	1.98	是
S26-5.0	4.0~5.0 m	0.583	1.12	1.64	ND	1.96	2.64	41	1.16	1.26	1.75	否
S26-6.0	5.0~6.0 m	0.495	ND	ND	1.73	1.89	2.15	39	ND	1.09	1.64	是
S27-0.5	0.0~0.5 m	3.163	3.04	4.53	8.16	7.18	6.52	73	2.68	2.15	3.16	是
S27-1.0	0.5~1.0 m	2.857	2.82	2.63	6.47	6.74	6.16	64	1.96	2.26	2.85	否
S27-1.5	1.0~1.5 m	2.649	2.73	3.14	7.12	6.62	5.45	72	1.84	1.98	2.73	是
S27-2.0	1.5~2.0 m	1.142	1.95	2.63	ND	5.41	4.27	59	ND	ND	1.64	否
S27-2.5	2.0~2.5 m	1.063	1.84	2.52	4.14	5.14	3.69	63	1.15	1.64	1.59	是
S27-3.0	2.5~3.0 m	0.857	1.62	2.46	ND	4.63	3.15	51	ND	1.47	1.42	否

| 采样点编号 | 采样深度 | PID (ppm) | XRF 读数（ppm） | | | | | | | | | 是否送检 |
			As	Cd	Cr	Cu	Pb	Zn	Hg	Ni	Sb	
S27-4.0	3.0~4.0 m	0.469	ND	2.15	3.11	3.15	2.75	46	1.21	1.32	1.27	否
S27-5.0	4.0~5.0 m	0.301	1.15	1.63	2.62	2.14	2.36	41	ND	1.21	1.36	是
S27-6.0	5.0~6.0 m	0.192	ND	1.02	ND	1.92	2.11	32	1.37	1.08	1.14	否
S28-0.5	0.0~0.5 m	0.689	2.15	3.65	1.84	2.89	3.15	78	3.12	3.87	4.15	是
S28-1.0	0.5~1.0 m	1.614	4.83	7.14	3.63	3.64	3.64	94	4.64	4.15	3.47	否
S28-1.5	1.0~1.5 m	1.725	6.15	6.53	4.15	7.13	7.13	112	2.95	6.75	6.89	否
S28-2.0	1.5~2.0 m	1.235	3.27	ND	3.72	2.15	2.15	63	6.87	7.64	7.22	是
S28-2.5	2.0~2.5 m	0.645	7.46	5.75	ND	4.36	4.36	69	5.84	6.21	5346	否
S28-3.0	2.5~3.0 m	0.783	5.45	4.26	4.57	3.67	3.63	72	5.14	5.24	4.87	否
S28-4.0	3.0~4.0 m	0.645	6.12	5.73	ND	ND	4.75	84	6.33	6.18	3.62	是
S28-5.0	4.0~5.0 m	0.572	4.13	4.37	5.32	ND	3.84	63	5.42	4.84	4.15	否
S28-6.0	5.0~6.0 m	0.768	5.24	3.64	4.15	2.89	5.26	75	4.89	3.92	5.46	是
S29-0.5	0.0~0.5 m	4.864	1.69	3.84	3.65	3.85	5.82	67	2.64	5.72	4.83	是
S29-1.0	0.5~1.0 m	6.783	4.15	7.12	4.75	4.24	4.78	54	3.15	4.84	5.64	否
S29-1.5	1.0~1.5 m	3.269	3.29	3.59	3.24	3.63	3.64	36	4.63	ND	3.21	否
S29-2.0	1.5~2.0 m	4.878	3.18	4.63	7.63	4.11	5.42	27	3.87	2.92	ND	是

5 检测采样分析

续表

采样点编号	采样深度	PID (ppm)	XRF 读数（ppm）									是否送检
			As	Cd	Cr	Cu	Pb	Zn	Hg	Ni	Sb	
S29-2.5	2.0~2.5 m	6.964	ND	ND	3.84	4.59	ND	42	4.52	3.87	4.19	否
S29-3.0	2.5~3.0 m	7.836	ND	4.18	4.84	5.64	4.77	51	3.63	4.63	5.43	是
S29-4.0	3.0~4.0 m	8.445	1.64	3.24	3.29	3.87	4.21	36	4.92	ND	ND	否
S29-5.0	4.0~5.0 m	2.450	2.63	9.11	4.36	4.15	4.63	49	ND	4.12	3.87	是
S29-6.0	5.0~6.0 m	3.663	ND	ND	5.47	3.64	3.84	38	4.18	3.63	4.11	否
S30-0.5	0.0~0.5 m	11.453	3.63	4.78	3.94	5.92	2.98	89	7.84	4.83	2.98	是
S30-1.0	0.5~1.0 m	13.614	4.95	3.64	2.45	5.46	3.63	87	6.27	ND	ND	否
S30-1.5	1.0~1.5 m	14.724	ND	7.12	5.75	3.63	4.15	94	ND	6.87	3.92	是
S30-2.0	1.5~2.0 m	12.918	2.98	ND	4.63	4.87	4.84	63	5.64	ND	4.77	否
S30-2.5	2.0~2.5 m	13.863	ND	6.44	ND	2.94	ND	57	3.16	3.92	ND	是
S30-3.0	2.5~3.0 m	15.727	1.64	5.78	4.54	ND	2.89	65	4.15	ND	1.64	否
S30-4.0	3.0~4.0 m	14.246	3.75	ND	3.27	3.84	3.64	74	3.84	4.18	3.21	否
S30-5.0	4.0~5.0 m	15.815	ND	1.64	ND	2.98	4.15	29	7.12	4.64	ND	是
S30-6.0	5.0~6.0 m	16.439	ND	ND	1.99	3.15	3.62	36	5.49	3.29	3.63	否
S31-0.5	0.0~0.5 m	1.024	3.64	6.45	4.78	8.44	4.62	54	2.64	3.78	3.63	是
S31-1.0	0.5~1.0 m	0.658	4.75	2.36	ND	6.35	ND	69	1.83	4.63	2.48	是

采样点编号	采样深度	PID (ppm)	XRF 读数(ppm)									是否送检
			As	Cd	Cr	Cu	Pb	Zn	Hg	Ni	Sb	
S31-1.5	1.0~1.5 m	1.049	5.64	ND	6.94	6.98	3.45	73	4.85	6.88	3.14	否
S31-2.0	1.5~2.0 m	1.139	7.12	7.18	4.18	7.42	7.13	85	6.72	2.42	4.57	否
S31-2.5	2.0~2.5 m	0.649	4.15	8.45	ND	5.42	8.94	96	5.43	5.19	6.85	否
S31-3.0	2.5~3.0 m	0.815	6.73	9.16	3.68	ND	6.78	59	2.95	3.84	6.32	是
S31-4.0	3.0~4.0 m	0.632	5.14	11.45	9.45	4.36	5.43	68	3.64	4.63	7.14	否
S31-5.0	4.0~5.0 m	0.463	4.03	11.63	6.72	6.78	9.29	42	2.15	5.03	7.02	否
S31-6.0	5.0~6.0 m	0.595	4.75	4.27	ND	5.18	5.93	51	5.09	5.64	6.11	是
S32-0.5	0.0~0.5 m	6.468	4.75	4.12	4.68	3.64	1.64	36	1.64	4.75	3.89	是
S32-1.0	0.5~1.0 m	7.239	ND	3.63	3.84	4.12	3.67	47	3.67	6.45	4.64	否
S32-1.5	1.0~1.5 m	3.964	3.62	5.78	7.1	3.98	4.65	38	4.56	3.15	5.87	否
S32-2.0	1.5~2.0 m	4.818	ND	2.64	3.16	4.57	3.15	46	3.75	4.64	6.45	是
S32-2.5	2.0~2.5 m	5.763	1.98	3.72	ND	3.63	2.64	32	4.12	5.42	ND	否
S32-3.0	2.5~3.0 m	4.645	3.26	4.53	ND	2.98	5.48	45	3.54	ND	4.64	是
S32-4.0	3.0~4.0 m	3.238	4.15	5.72	ND	3.54	ND	57	3.12	4.18	3.36	是
S32-5.0	4.0~5.0 m	2.924	ND	ND	1.98	4.15	4.15	61	2.98	3.64	ND	是
S32-6.0	5.0~6.0 m	3.739	3.64	ND	ND	3.11	3.66	49	3.35	ND	1.64	否

续表

采样点编号	采样深度	PID (ppm)	XRF 读数（ppm）									是否送检
			As	Cd	Cr	Cu	Pb	Zn	Hg	Ni	Sb	
S33-0.5	0.0~0.5 m	2.641	3.15	4.64	7.92	7.46	7.53	59	3.15	2.87	3.46	是
S33-1.0	0.5~1.0 m	2.463	2.92	3.92	6.89	6.14	6.78	61	2.98	2.15	2.96	否
S33-1.5	1.0~1.5 m	2.021	2.84	3.64	6.51	5.82	5.64	59	2.64	1.96	2.63	是
S33-2.0	1.5~2.0 m	1.638	ND	2.75	5.42	4.95	4.15	54	1.63	1.72	2.15	否
S33-2.5	2.0~2.5 m	1.312	1.63	2.41	4.63	4.16	3.72	52	ND	1.43	1.64	否
S33-3.0	2.5~3.0 m	0.963	1.65	2.32	3.26	3.18	3.36	46	1.51	ND	1.72	是
S33-4.0	3.0~4.0 m	0.845	ND	1.64	1.98	2.16	2.95	49	ND	ND	1.63	否
S33-5.0	4.0~5.0 m	0.637	1.13	1.42	ND	1.92	2.64	41	1.32	1.15	ND	是
S33-6.0	5.0~6.0 m	0.478	ND	ND	ND	1.61	2.02	43	1.14	ND	1.21	否
S34-0.5	0.0~0.5 m	2.145	3.24	4.21	7.59	6.13	7.38	74	2.41	3.68	3.45	是
S34-1.0	0.5~1.0 m	1.963	2.96	3.68	6.14	5.81	6.29	68	2.16	3.41	3.24	否
S34-1.5	1.0~1.5 m	1.762	2.75	3.14	6.02	5.42	5.84	61	2.02	2.96	3.16	是
S34-2.0	1.5~2.0 m	1.452	2.14	2.95	5.36	4.62	4.17	54	1.96	2.85	2.95	否
S34-2.5	2.0~2.5 m	1.063	ND	2.82	ND	3.14	3.62	49	1.84	ND	2.82	否
S34-3.0	2.5~3.0 m	0.984	1.63	2.64	2.14	2.98	ND	36	ND	2.73	2.73	是
S34-4.0	3.0~4.0 m	0.715	ND	1.95	ND	2.02	1.85	41	1.27	2.64	1.98	否

续表

采样点编号	采样深度	PID (ppm)	XRF 读数 (ppm)									是否送检
			As	Cd	Cr	Cu	Pb	Zn	Hg	Ni	Sb	
S34-5.0	4.0~5.0 m	0.652	1.12	1.63	2.18	1.15	1.74	38	1.16	2.52	1.84	是
S34-6.0	5.0~6.0 m	0.469	ND	1.56	1.12	ND	1.63	31	1.09	2.27	1.52	否
S35-0.5	0.0~0.5 m	17.469	3.64	4.84	5.63	4.15	5.27	68	3.46	4.87	4.11	是
S35-1.0	0.5~1.0 m	16.478	6.24	1.45	1.63	3.47	4.78	72	4.87	3.86	3.89	否
S35-1.5	1.0~1.5 m	19.536	3.92	ND	ND	4.18	3.65	49	5.84	4.15	4.54	否
S35-2.0	1.5~2.0 m	20.249	4.15	4.36	1.57	ND	3.26	54	6.36	4.72	3.84	是
S35-2.5	2.0~2.5 m	18.338	5.64	2.85	ND	3.25	4.13	61	7.27	3.69	9.39	否
S35-3.0	2.5~3.0 m	21.229	4.32	ND	6.42	4.11	6.85	83	8.34	4.51	ND	是
S35-4.0	3.0~4.0 m	16.464	ND	4.67	5.48	ND	3.67	72	6.52	3.87	ND	否
S35-5.0	4.0~5.0 m	21.873	ND	6.78	ND	3.92	4.15	64	7.13	5.46	2.75	是
S35-6.0	5.0~6.0 m	15.429	ND	3.24	4.16	4.04	5.84	77	4.13	3.92	4.63	否
S36-0.5	0.0~0.5 m	16.446	2.72	3.78	4.65	3.57	4.14	78	5.12	6.48	3.87	是
S36-1.0	0.5~1.0 m	17.886	3.65	4.69	6.74	5.64	5.42	64	6.72	4.38	3.21	是
S36-1.5	1.0~1.5 m	16.337	4.17	ND	7.15	4.14	ND	36	4.63	2.89	3.94	否
S36-2.0	1.5~2.0 m	19.554	5.46	5.89	8.12	3.87	7.86	41	4.27	3.65	4.38	否
S36-2.5	2.0~2.5 m	18.556	3.89	8.43	ND	ND	4.27	45	3.12	4.39	5.43	是

5 检测采样分析

097

续表

采样点 编号	采样 深度	PID (ppm)	XRF 读数（ppm）									是否 送检
			As	Cd	Cr	Cu	Pb	Zn	Hg	Ni	Sb	
S36-3.0	2.5~3.0 m	21.448	4.54	ND	6.36	6.41	ND	57	6.84	3.27	2.15	否
S36-4.0	3.0~4.0 m	30.263	5.78	2.15	4.57	ND	5.45	64	5.46	4.15	3.92	是
S36-5.0	4.0~5.0 m	29.419	3.21	3.68	ND	5.63	ND	36	4.63	3.86	4.14	否
S36-6.0	5.0~6.0 m	27.287	ND	2.95	3.84	4.19	3.33	51	2.98	4.75	3.85	否
S37-0.5	0.0~0.5 m	8.645	2.64	3.92	5.87	3.68	4.57	16	3.68	5.84	1.92	是
S37-1.0	0.5~1.0 m	7.284	6.56	4.38	4.21	4.12	ND	84	4.56	4.75	3.63	否
S37-1.5	1.0~1.5 m	4.968	ND	ND	3.69	5.64	6.46	72	7.13	3.64	5.87	是
S37-2.0	1.5~2.0 m	3.695	4.95	3.84	4.58	3.21	5.27	65	3.21	4.15	4.15	否
S37-2.5	2.0~2.5 m	4.543	3.96	2.57	3.21	4.56	ND	43	4.36	6.63	3.21	否
S37-3.0	2.5~3.0 m	3.964	4.21	ND	4.63	3.84	3.14	29	ND	7.12	4.63	是
S37-4.0	3.0~4.0 m	4.148	5.69	3.62	6.11	4.15	2.89	36	4.11	ND	3.51	否
S37-5.0	4.0~5.0 m	4.638	ND	2.15	2.84	3.63	ND	43	ND	1.98	4.26	否
S37-6.0	5.0~6.0 m	2.587	2.16	3.64	ND	ND	ND	51	1.69	3.64	3.98	是
S38-0.5	0.0~0.5 m	14.117	6.45	7.15	6.78	ND	1.69	69	7.64	3.92	7.46	是
S38-1.0	0.5~1.0 m	16.324	ND	6.45	5.45	ND	4.63	74	3.28	4.63	8.48	否
S38-1.5	1.0~1.5 m	17.831	4.92	3.27	3.63	4.64	2.89	83	ND	5.48	7.27	是

采样点编号	采样深度	PID (ppm)	XRF 读数(ppm)										是否送检
			As	Cd	Cr	Cu	Pb	Zn	Hg	Ni	Sb	
S38 - 2.0	1.5~2.0 m	15.448	3.84	1.63	4.69	8.72	3.69	71	ND	11.46	ND	否
S38 - 2.5	2.0~2.5 m	16.529	ND	ND	5.72	9.46	4.15	54	2.45	6.78	6.76	是
S38 - 3.0	2.5~3.0 m	17.238	1.84	4.53	4.54	5.87	3.69	65	ND	ND	7.12	否
S38 - 4.0	3.0~4.0 m	14.346	ND	6.72	7.63	3.27	4.45	73	3.64	4.65	4.63	否
S38 - 5.0	4.0~5.0 m	13.932	ND	5.48	8.64	4.63	5.14	24	4.78	4.72	ND	是
S38 - 6.0	5.0~6.0 m	15.478	ND	ND	5.11	ND	3.27	57	ND	3.76	3.64	否
S39 - 0.5	0.0~0.5 m	16.478	4.15	2.63	4.69	2.69	1.69	49	3.63	5.64	2.98	是
S39 - 1.0	0.5~1.0 m	15.265	ND	4.78	5.87	3.84	ND	57	4.75	3.29	3.65	否
S39 - 1.5	1.0~1.5 m	14.614	3.63	3.54	4.18	4.75	4.98	63	2.84	4.63	4.73	否
S39 - 2.0	1.5~2.0 m	15.917	2.87	5.78	3.75	3.24	3.63	24	3.47	5.73	5.84	否
S39 - 2.5	2.0~2.5 m	12.324	ND	4.15	ND	8.63	4.75	85	4.36	2.88	6.72	否
S39 - 3.0	2.5~3.0 m	15.738	4.12	3.27	ND	7.12	3.26	36	5.92	ND	7.13	是
S39 - 4.0	3.0~4.0 m	16.420	3.16	2.98	3.84	ND	7.13	75	6.87	5.42	5.84	是
S39 - 5.0	4.0~5.0 m	13.408	ND	ND	ND	4.93	8.47	58	ND	1.69	2.93	否
S39 - 6.0	5.0~6.0 m	14.924	ND	1.75	1.99	5.87	5.21	71	1.38	3.89	1.64	是
S40 - 0.5	0.0~0.5 m	17.868	2.63	4.51	4.21	3.63	5.66	78	3.82	3.62	3.95	是

续表

采样点编号	采样深度	PID (ppm)	XRF 读数 (ppm)									是否送检
			As	Cd	Cr	Cu	Pb	Zn	Hg	Ni	Sb	
S40-1.0	0.5~1.0 m	16.474	3.84	3.75	3.67	4.18	7.12	63	4.63	5.64	4.62	否
S40-1.5	1.0~1.5 m	20.269	2.78	4.12	4.52	6.48	6.54	84	7.15	5.45	ND	是
S40-2.0	1.5~2.0 m	21.438	4.15	4.63	6.64	7.17	7.18	56	6.34	3.67	3.64	否
S40-2.5	2.0~2.5 m	18.375	ND	ND	7.15	5.24	6.14	71	4.27	4.63	ND	否
S40-3.0	2.5~3.0 m	19.264	ND	5.62	ND	4.63	2.35	42	4.75	5.78	4.21	是
S40-4.0	3.0~4.0 m	36.418	ND	ND	5.46	3.78	4.65	36	3.64	4.24	4.65	否
S40-5.0	4.0~5.0 m	21.724	3.65	3.78	3.85	2.93	4.75	54	3.62	3.98	3.63	是
S40-6.0	5.0~6.0 m	20.363	1.64	2.34	4.12	4.68	3.64	59	4.15	5.11	ND	否
S41-0.5	0.0~0.5 m	21.963	2.64	6.15	4.87	6.87	4.15	89	4.63	4.21	3.72	是
S41-1.0	0.5~1.0 m	18.414	3.68	5.45	5.63	4.23	4.68	63	5.78	4.75	4.13	否
S41-1.5	1.0~1.5 m	21.416	4.15	4.92	6.14	5.62	5.74	74	4.64	6.87	6.46	是
S41-2.0	1.5~2.0 m	13.827	6.45	5.78	3.64	4.17	6.63	82	5.87	5.84	ND	否
S41-2.5	2.0~2.5 m	14.939	5.75	6.36	4.15	3.65	7.15	91	6.75	4.26	3.45	否
S41-3.0	2.5~3.0 m	15.450	ND	5.84	3.64	ND	4.27	104	7.84	3.64	ND	否
S41-4.0	3.0~4.0 m	21.932	ND	ND	4.75	4.26	5.84	114	6.36	4.14	3.63	是
S41-5.0	4.0~5.0 m	31.664	3.63	6.41	ND	3.83	4.15	87	4.18	3.64	ND	否

采样点编号	采样深度	PID (ppm)	XRF 读数(ppm)									是否送检
			As	Cd	Cr	Cu	Pb	Zn	Hg	Ni	Sb	
S41 - 6.0	5.0~6.0 m	24.518	4.15	ND	3.63	4.15	3.62	92	3.92	4.78	2.98	是
S42 - 0.5	0.0~0.5 m	16.458	3.75	4.63	5.15	4.84	3.84	71	4.64	5.87	3.75	是
S42 - 1.0	0.5~1.0 m	17.264	6.87	2.14	4.18	3.78	6.54	64	5.18	6.43	5.14	是
S42 - 1.5	1.0~1.5 m	18.336	ND	6.36	4.63	4.64	ND	79	ND	5.12	6.87	否
S42 - 2.0	1.5~2.0 m	17.224	ND	1.89	5.18	9.27	7.12	85	ND	4.63	4.65	否
S42 - 2.5	2.0~2.5 m	16.463	4.15	ND	ND	8.45	5.48	36	4.68	5.75	3.84	否
S42 - 3.0	2.5~3.0 m	18.918	3.62	ND	4.89	ND	3.69	47	6.75	4.36	4.15	是
S42 - 4.0	3.0~4.0 m	21.417	ND	4.15	3.64	4.92	4.15	54	4.64	ND	4.46	否
S42 - 5.0	4.0~5.0 m	36.332	4.53	4.32	ND	ND	ND	39	5.63	ND	5.14	否
S42 - 6.0	5.0~6.0 m	25.264	2.18	ND	ND	3.63	ND	28	4.92	1.64	3.87	是

5　检测采样分析

5.2　样品保存和流转

5.2.1　样品保存

本次调查土壤样品保存方法参照《土壤环境监测技术规范》(HJ/T 166—2004)和全国土壤污染状况详查相关技术规定执行,地下水样品保存方法参照《地下水环境监测技术规范》(HJ 164—2020)和《全国土壤污染状况详查地下水样品分析测试方法技术规定》执行。

1. 土壤样品保存

土壤样品现场直接分装,样品的收集容器、各检测项目对应采样容器、保存温度、保存时间等要求具体见表5.2-1。用于有机物分析的样品需装入棕色玻璃瓶,装满、盖严,用封口膜密封,对于含有易分解或易挥发组分的样品要采用专用VOCs采样瓶,采集样品包括2瓶高浓度+2瓶低浓度+1瓶含水率。在分装VOCs样品时,2个40 ml棕色VOCs样品瓶中事先加入10 ml甲醇,现场采集约5 g样品加入样品瓶中,将瓶口擦拭干净,立即密封,4 ℃保存;2个40 ml棕色VOCs样品瓶中事先加入磁力搅拌棒,现场采集约5 g样品加入样品瓶中,将瓶口擦拭干净,立即密封,4 ℃保存;1个125 ml样品瓶留在现场采集,用样品将其装满,同时做全程序空白样,须注意全程序空白样现场应打开等同于实际样品处理。样品采集完成后低温冷藏(重金属样品除外),并尽快送到实验室进行分析测试。具体细节按照我国《重点行业企业用地调查样品采集保存和流转技术规定(试行)》的要求进行。

样品采集完成后,在每个样品容器外壁上贴上采样标签,同时在采样原始记录上注明采样编号、取样深度、采样地点、经纬度、土壤质地等相关信息,现场记录内容严格参照"土壤钻孔采样记录单"。

2. 地下水样品保存

地下水样品根据不同分析项目选择不同的容器采集,用于检测VOCs的样品采用吹扫瓶进行取样;用于检测SVOCs的样品使用棕色磨口玻璃瓶进行取样;所有项目根据标准现场加入固定剂,各检测项目对应采样容器、保存温度、保存时间等要求具体见表5.2-1。样品(重金属除外)采集完成后应低温冷藏,并尽快送到实验室进行分析测试。具体细节按照我国《地下水环境监测技术规范》(HJ 164—2020)和《重点行业企业用地调查样品采集保存和流转技术规定(试行)》的要求进行。

表 5.2-1 地块采样工作安排

样品类型	测试项目分类名称	测试项目	分装容器及规格	保护剂	采样量（体积/重量）	样品保存条件	运输及计划送达时间	保存时间（d）
土壤	土壤重金属 13 项,pH	砷、镉、铬（六价）、铜、铅、镍、汞、锌、钒、锑、铍、钴、pH	自封袋	—	1 000 g；做平行样时，多采 2 倍	0~4 ℃ 冷藏	汽车 1 d 内送达	28
	土壤 VOCs 27 项	四氯化碳,氯仿,氯甲烷,1,1-二氯乙烷,1,2-二氯乙烷,1,1-二氯乙烯,顺-1,2-二氯乙烯,反-1,2-二氯乙烯,1,2-二氯丙烷,1,1,2-三氯乙烷,1,1,1-三氯乙烷,四氯乙烯,1,1,2,2-四氯乙烷,三氯乙烯,1,2,3-三氯丙烷,氯乙烯,苯,氯苯,1,2-二氯苯,1,4-二氯苯,乙苯,苯乙烯,甲苯,间二甲苯+对二甲苯,邻二甲苯,甲苯	40 ml 棕色 VOCs 样品瓶/125 ml 样品瓶	10 ml 甲醇	1 份 5g 左右装入含有保护剂的 40 ml 样品瓶＋2 份 5 g 左右装入加磁力搅拌棒的 40 mL 样品瓶（不含保护剂）；做平行样时，多采 2 倍	0~4 ℃ 冷藏	汽车 1 d 内送达	7
	土壤 SVOCs11 项,石油烃	硝基苯,苯胺,2-氯酚,苯并[a]蒽,苯并[b]荧蒽,苯并[k]荧蒽,菌,二苯并[a,h]蒽,茚并[1,2,3-cd]芘,萘,石油烃（C₁₀~C₄₀）	螺纹口棕色玻璃瓶,瓶盖聚四氟乙烯（250 ml 瓶）	—	装满,约 400 g;做平行样时,多采 2 倍	0~4 ℃ 冷藏	汽车 1 d 内送达	10

样品类型	测试项目分类名称	测试项目	分装容器及规格	保护剂	采样量（体积/重量）	样品保存条件	运输及计划送达时间	保存时间(d)
地下水	地下水重金属12项	镉、汞、铜、铝、镍、锰、锌、铝、硒、钒、铍、钴	硬质玻璃瓶	1:1硝酸，pH≤2	0.5 L;做平行样时,多采2倍	0～4℃冷藏	汽车1 d内送达	30
	地下水重金属1项	锑	聚乙烯瓶	1 L水加盐酸2 ml	250 ml	0～4℃冷藏	汽车1 d内送达	14
	地下水重金属4项,pH	砷、铬（六价）、钠、铁,pH	聚乙烯瓶	—	0.5 L;做平行样时,多采2倍	0～4℃冷藏	汽车1 d内送达	10
	地下水VOCs27项	氯仿,甲苯,四氯化碳,1,1-二氯乙烷,1,2-二氯乙烷,1,1-二氯乙烯,顺-1,2-二氯乙烯,反-1,2-二氯乙烯,1,1-二氯丙烷,1,2-二氯丙烷,1,1,2,2-四氯乙烷,1,2-四氯乙烯,1,1,1-三氯乙烷,1,1,2-三氯乙烷,1,2,3-三氯丙烷,三氯乙烯,氯苯,乙苯,苯,氯乙烯,1,2-二氯苯,1,4-二氯苯,间二甲苯+对二甲苯,邻二甲苯,苯+二氯甲烷	硬质玻璃吹扫瓶	40 ml样品瓶需预先加入25 mg抗坏血酸，水样呈血性加0.5 ml盐酸溶液（1+1）；水样呈碱性加适量盐酸溶液使样品pH≤2	40 ml;做平行样时,多采2倍	0～4℃冷藏	汽车1 d内送达	14
	地下水SVOCs10项	硝基苯,2-二氯酚,苯胺,苯并[k]荧蒽,苯并[b]荧蒽,苯并[a]蒽,菌,二苯并[a,h]蒽,茚并[1,2,3-cd]芘,萘	棕色玻璃瓶	—	1 L;做平行样时,多采2倍	0～4℃冷藏	汽车1 d内送达	7
	地下水SVOCs1项	苯并[a]芘	棕色玻璃瓶	—	1 L;做平行样时,多采2倍	0～4℃冷藏	汽车1 d内送达	7

样品类型	测试项目分类名称	测试项目	分类容器及规格	保护剂	采样量(体积/重量)	样品保存条件	运输及计划送达时间	保存时间(d)
地下水	地下水常规项目11项	色度、嗅和味、浑浊度、肉眼可见物、总硬度、溶解性总固体、硫酸盐、氯化物、氟化物、碘化物、阴离子表面活性剂	聚乙烯瓶	—	1 L;做平行样时,多采2倍	0~4 ℃冷藏	汽车1 d内送达	10
	地下水硝酸盐氮、亚硝酸盐氮、氨氮、耗氧量(COD_{Mn}法,以O_2计)	硝酸盐氮、亚硝酸盐氮、氨氮、耗氧量(COD_{Mn}法,以O_2计)	聚乙烯瓶	—	1 L;做平行样时,多采2倍	0~4 ℃冷藏	汽车1 d内送达	10
	地下水氰化物、挥发性酚类(以苯酚计)	氰化物、挥发性酚类(以苯酚计)	硬质玻璃瓶	氢氧化钠、pH≥12	0.5 L;做平行样时,多采2倍	0~4 ℃冷藏	汽车1 d内送达	1
	地下水硫化物	硫化物	棕色玻璃瓶	1 L水中加入5 ml氢氧化钠溶液和4 g抗坏血酸,pH≥11,避光	0.5 L;做平行样时,多采2倍	0~4 ℃冷藏	汽车1 d内送达	7
	地下水石油烃	石油烃(C_{10}~C_{40})	棕色瓶	1:1盐酸,pH≤2	1 L;做平行样时,多采2倍	0~4 ℃冷藏	汽车/快速1 d内送达	14

样品采集完成后,在每个样品容器外壁上贴上采样标签,在采样原始记录上除记录采样编号、取样深度、采样地点、经纬度、水位、水温、pH 值、电导率等相关信息外,还应记录样品气味、颜色等性状,现场记录内容严格参照"地下水采样记录单"。

水质采样相关注意事项如下:

(1) 在水样采入或装入容器中后,如若需要,应立即按要求加入保存剂。

(2) 采样时应保证采样点的位置准确,必要时使用定位仪(GPS)定位。

(3) 认真填写"水质采样记录表",用签字笔或硬质铅笔在现场记录,字迹应端正、清晰,项目完整。

(4) 保证采样按时、准确、安全。

(5) 采样结束前,应核对采样计划、记录与水样,如有错误或遗漏,应立即补采或重采。

(6) 如采样现场水体很不均匀,无法采到有代表性的样品,则应详细记录不均匀的情况和实际采样情况,供使用该数据者参考,并将此现场情况向环境保护行政主管部门反映。

(7) 用于检测溶解氧、生化需氧量和有机污染物等项目的水样必须注满容器,上部不留空间,并将容器瓶盖紧、密封。

(8) 如果水样中含沉降性固体(如泥沙等),则应分离除去。分离方法为:将所采水样摇匀后倒入筒形玻璃容器(如 1~2 L 量筒),静置 30 min,将不含沉降性固体但含有悬浮性固体的水样移入盛样容器并加入保存剂。测定 pH 的水样除外。

现场要求采样人员必须在样品瓶标签上标注检测单位内控编号,并标注样品有效时间,以保证样品时效性。

本次采样现场将配备样品保温箱,内置冰冻蓝冰。样品采集后应立即存放至保温箱内(重金属除外),由检测单位样品运送人员当天运送至检测实验室,运输过程中样品应一直保存在有冰冻蓝冰的保温箱直至运送到实验室;样品采集当天若不能寄送至实验室,在满足时限的前提下,样品需用冷藏柜在 4 ℃温度下避光保存。

5.2.2 样品流转

1. 装运前核对

本次调查安排样品管理员以及现场采样质控内审人员负责样品装运前的核对。现场样品采集完成后,要求将样品与采样记录单进行逐个核对,检查无误后分类装箱,并由样品管理员填写"样品保存检查记录单"。如果核对结果发现异常,应及时查明原因,向现场采样负责人报告并进行记录。

样品装运前,由样品运送人员填写"样品运送单",包括样品名称、采样时间、样品介质、检测指标、检测方法和样品寄送人等信息,样品运送单需用防水袋保护,随样品箱(内含蓝冰)一同送达样品检测实验室。样品装箱过程中,要用泡沫材料填充样品瓶和样品箱之间空隙。样品箱用密封胶带打包。

2. 样品运输

样品流转运输应保证样品完好并低温保存,采用适当的减震隔离措施,严防样品瓶的破损、混淆或沾污,由样品运送人员在保存时限内运送至样品检测实验室。样品运输设置运输空白样进行运输过程的质量控制,一个样品运送批次设置一个运输空白样品。

3. 样品接收

样品检测实验室收到样品箱后,应立即检查样品箱是否有破损,并按照样品运输单与样品运送人员共同清点核实样品数量、样品瓶编号以及破损情况。若出现样品瓶缺少、破损或样品瓶标签无法辨识等重大问题,检测实验室应在"样品运送单"的"特别说明"栏中进行标注,并及时与样品管理员沟通,由调查单位确定是否要补充采样并跟采样负责人沟通。

上述工作完成后,检测实验室应在纸质版样品运送单上签字确认并拍照发给现场采样负责人。样品运送单作为样品检测报告的附件。检测实验室收到样品后应按照样品运送单要求,立即安排样品保存和检测。调查地块样品流转和接收计划见表5.2-2。

表 5.2-2　样品流转阶段任务分配表

任务	任务补充	具体人员
样品流转	样品装箱后,在装运前核对样品与采样记录单,核对无误后分类装箱,并填写"样品保存检查记录单"	样品管理员
	本地块土壤检测因子中保存时间最短的为 7 d,因此可等地块土壤和地下水样品全部采集完毕后分别进行送样,地块样品由采样单位分别运送至检测实验室和采样实验室	样品运送人员

任务	任务补充	具体人员
样品流转	样品装运前,填写"样品运送单",包括样品名称、采样时间、样品介质、检测指标、检测方法和样品寄送人等信息,样品运送单用防水袋保护,随样品箱一同送达样品检测单位	样品运送人员
	终端拍照留存:样品装车、交接过程、样品运送单	记录员
样品接收	收样:样品检测单位接收样品后,立即检查样品是否有破损,实验室负责人在样品运送单上签字确认并拍照发送给采样单位	实验室负责人
	无机土壤样品制备与存档:实验室对无机土壤样品进行制备,按照四分法分样,一份用于实验室检测,两份备份,另一份由检测实验室定期送至江苏省级样品库进行存档	检测实验室
样品保存和流转过程自审	检查样品保存和流转状况	样品保存与流转内审质控人

5.3 样品测试分析方法

检测实验室在开展企业用地调查样品分析测试时,其使用的分析方法应为《全国土壤污染状况详查土壤样品分析测试方法技术规定》和《全国土壤污染状况详查地下水样品分析测试方法技术规定》中推荐的分析方法或其资质认定范围内的国家标准、区域标准、行业标准及国际标准方法,不得使用其他非标方法或实验室自制方法,出具的检测报告应加盖实验室资质认定标识。检测实验室应确保目标污染物的方法检出限满足对应的建设用地土壤污染风险筛选值的要求。

检测实验室应在正式开展企业用地调查样品分析测试任务之前,参照《环境监测分析方法标准制订技术导则》(HJ 168—2020)的有关要求,完成对所选用分析测试方法的检出限、测定下限、精密度、准确度、线性范围等各项特性指标的确认,并形成相关质量记录。必要时,应编制实验室分析测试方法作业指导书。

本地块土壤和地下水样品各检测因子实验室检测方法和检出限见表 5.3-1 和表 5.3-2。

表 5.3-1　土壤检测分析方法

分析指标	分析方法	单位	检出限
无机			
干重	《土壤 干物质和水分的测定 重量法》(HJ 613—2011)	%	—
pH	《土壤 pH 值的测定 电位法》(HJ 962—2018)	无量纲	—
金属			
六价铬	《土壤和沉积物 六价铬的测定 碱溶液提取-火焰原子吸收分光光度法》(HJ 1082—2019)	mg/kg	0.5
铜	《土壤和沉积物 铜、锌、铅、镍、铬的测定 火焰原子吸收分光光度法》(HJ 491—2019)	mg/kg	1
铬	《土壤和沉积物 铜、锌、铅、镍、铬的测定 火焰原子吸收分光光度法》(HJ 491—2019)	mg/kg	4
镍	《土壤和沉积物 铜、锌、铅、镍、铬的测定 火焰原子吸收分光光度法》(HJ 491—2019)	mg/kg	3
锌	《土壤和沉积物 铜、锌、铅、镍、铬的测定 火焰原子吸收分光光度法》(HJ 491—2019)	mg/kg	1
锑	《土壤和沉积物 汞、砷、硒、铋、锑的测定 微波消解/原子荧光法》(HJ 680—2013)	mg/kg	0.01
铅	《土壤质量 铅、镉的测定 石墨炉原子吸收分光光度法》(GB/T 17141—1997)	mg/kg	0.1
镉	《土壤质量 铅、镉的测定 石墨炉原子吸收分光光度法》(GB/T 17141—1997)	mg/kg	0.01
铍	《土壤和沉积物 铍的测定石墨炉原子吸收分光光度法》(HJ 737—2015)	mg/kg	0.03
砷	《土壤和沉积物 汞、砷、硒、铋、锑的测定 微波消解/原子荧光法》(HJ 680—2013)	mg/kg	0.01
汞	《土壤和沉积物 汞、砷、硒、铋、锑的测定 微波消解/原子荧光法》(HJ 680—2013)	mg/kg	0.002
钴	《土壤和沉积物 12 种金属元素的测定 王水提取-电感耦合等离子体质谱法》(HJ 803—2016)	mg/kg	0.03
钒	《土壤和沉积物 12 种金属元素的测定 王水提取-电感耦合等离子体质谱法》(HJ 803—2016)	mg/kg	0.4

分析指标	分析方法	单位	检出限
挥发性有机物			
四氯化碳	《土壤和沉积物 挥发性有机物的测定 吹扫捕集/气相色谱-质谱法》(HJ 605—2011)	mg/kg	0.001 3
氯仿	《土壤和沉积物 挥发性有机物的测定 吹扫捕集/气相色谱-质谱法》(HJ 605—2011)	mg/kg	0.001 1
氯甲烷	《土壤和沉积物 挥发性有机物的测定 吹扫捕集/气相色谱-质谱法》(HJ 605—2011)	mg/kg	0.001 0
1,1-二氯乙烷	《土壤和沉积物 挥发性有机物的测定 吹扫捕集/气相色谱-质谱法》(HJ 605—2011)	mg/kg	0.001 2
1,2-二氯乙烷	《土壤和沉积物 挥发性有机物的测定 吹扫捕集/气相色谱-质谱法》(HJ 605—2011)	mg/kg	0.001 3
1,1-二氯乙烯	《土壤和沉积物 挥发性有机物的测定 吹扫捕集/气相色谱-质谱法》(HJ 605—2011)	mg/kg	0.001 0
顺-1,2-二氯乙烯	《土壤和沉积物 挥发性有机物的测定 吹扫捕集/气相色谱-质谱法》(HJ 605—2011)	mg/kg	0.001 3
反-1,2-二氯乙烯	《土壤和沉积物 挥发性有机物的测定 吹扫捕集/气相色谱-质谱法》(HJ 605—2011)	mg/kg	0.001 4
二氯甲烷	《土壤和沉积物 挥发性有机物的测定 吹扫捕集/气相色谱-质谱法》(HJ 605—2011)	mg/kg	0.001 5
1,2-二氯丙烷	《土壤和沉积物 挥发性有机物的测定 吹扫捕集/气相色谱-质谱法》(HJ 605—2011)	mg/kg	0.001 1
1,1,1,2-四氯乙烷	《土壤和沉积物 挥发性有机物的测定 吹扫捕集/气相色谱-质谱法》(HJ 605—2011)	mg/kg	0.001 2
1,1,2,2-四氯乙烷	《土壤和沉积物 挥发性有机物的测定 吹扫捕集/气相色谱-质谱法》(HJ 605—2011)	mg/kg	0.001 2
四氯乙烯	《土壤和沉积物 挥发性有机物的测定 吹扫捕集/气相色谱-质谱法》(HJ 605—2011)	mg/kg	0.001 4
1,1,1-三氯乙烷	《土壤和沉积物 挥发性有机物的测定 吹扫捕集/气相色谱-质谱法》(HJ 605—2011)	mg/kg	0.001 3
1,1,2-三氯乙烷	《土壤和沉积物 挥发性有机物的测定 吹扫捕集/气相色谱-质谱法》(HJ 605—2011)	mg/kg	0.001 2
三氯乙烯	《土壤和沉积物 挥发性有机物的测定 吹扫捕集/气相色谱-质谱法》(HJ 605—2011)	mg/kg	0.001 2

分析指标	分析方法	单位	检出限
1,2,3-三氯丙烷	《土壤和沉积物 挥发性有机物的测定 吹扫捕集/气相色谱-质谱法》(HJ 605—2011)	mg/kg	0.001 2
氯乙烯	《土壤和沉积物 挥发性有机物的测定 吹扫捕集/气相色谱-质谱法》(HJ 605—2011)	mg/kg	0.001 0
苯	《土壤和沉积物 挥发性有机物的测定 吹扫捕集/气相色谱-质谱法》(HJ 605—2011)	mg/kg	0.001 9
氯苯	《土壤和沉积物 挥发性有机物的测定 吹扫捕集/气相色谱-质谱法》(HJ 605—2011)	mg/kg	0.001 2
1,2-二氯苯	《土壤和沉积物 挥发性有机物的测定 吹扫捕集/气相色谱-质谱法》(HJ 605—2011)	mg/kg	0.001 5
1,4-二氯苯	《土壤和沉积物 挥发性有机物的测定 吹扫捕集/气相色谱-质谱法》(HJ 605—2011)	mg/kg	0.001 5
乙苯	《土壤和沉积物 挥发性有机物的测定 吹扫捕集/气相色谱-质谱法》(HJ 605—2011)	mg/kg	0.001 2
苯乙烯	《土壤和沉积物 挥发性有机物的测定 吹扫捕集/气相色谱-质谱法》(HJ 605—2011)	mg/kg	0.001 1
甲苯	《土壤和沉积物 挥发性有机物的测定 吹扫捕集/气相色谱-质谱法》(HJ 605—2011)	mg/kg	0.001 3
间-二甲苯＋对-二甲苯	《土壤和沉积物 挥发性有机物的测定 吹扫捕集/气相色谱-质谱法》(HJ 605—2011)	mg/kg	0.001 2
邻-二甲苯	《土壤和沉积物 挥发性有机物的测定 吹扫捕集/气相色谱-质谱法》(HJ 605—2011)	mg/kg	0.001 2
半挥发性有机物			
硝基苯	《土壤和沉积物 半挥发性有机物的测定 气相色谱-质谱法》(HJ 834—2017)	mg/kg	0.09
苯胺	《土壤和沉积物 半挥发性有机物的测定 气相色谱-质谱法》(HJ 834—2017)	mg/kg	0.50
2-氯酚	《土壤和沉积物 半挥发性有机物的测定 气相色谱-质谱法》(HJ 834—2017)	mg/kg	0.06
苯并[a]蒽	《土壤和沉积物 半挥发性有机物的测定 气相色谱-质谱法》(HJ 834—2017)	mg/kg	0.10
苯并[a]芘	《土壤和沉积物 半挥发性有机物的测定 气相色谱-质谱法》(HJ 834—2017)	mg/kg	0.10

续表

分析指标	分析方法	单位	检出限
苯并[b]荧蒽	《土壤和沉积物 半挥发性有机物的测定 气相色谱-质谱法》(HJ 834—2017)	mg/kg	0.20
苯并[k]荧蒽	《土壤和沉积物 半挥发性有机物的测定 气相色谱-质谱法》(HJ 834—2017)	mg/kg	0.10
䓛	《土壤和沉积物 半挥发性有机物的测定 气相色谱-质谱法》(HJ 834—2017)	mg/kg	0.10
二苯并[a,h]蒽	《土壤和沉积物 半挥发性有机物的测定 气相色谱-质谱法》(HJ 834—2017)	mg/kg	0.10
茚并[1,2,3-cd]芘	《土壤和沉积物 半挥发性有机物的测定 气相色谱-质谱法》(HJ 834—2017)	mg/kg	0.10
萘	《土壤和沉积物 半挥发性有机物的测定 气相色谱-质谱法》(HJ 834—2017)	mg/kg	0.09
石油烃类			
石油烃($C_{10} \sim C_{40}$)	《土壤和沉积物 石油烃($C_{10} \sim C_{40}$)的测定 气相色谱法》(HJ 1021—2019)	mg/kg	6

表5.3-2 地下水检测分析方法

分析指标	方法	单位	检出限
无机			
pH	《生活饮用水标准检验方法 感官性状和物理指标》(GB/T 5750.4—2006)(5.1)	无量纲	—
臭和味	《生活饮用水标准检验方法 感官性状和物理指标》(GB/T5750.4—2006)(3.1)	—	—
肉眼可见物	《生活饮用水标准检验方法 感官性状和物理指标》(GB/T5750.4—2006)(4.1)	—	—
浊度	《生活饮用水标准检验方法 感官性状和物理指标》(GB/T 5750.4—2006)(2.1)	NTU	1
色度	《水质 色度的测定》(GB 11903—1989)	度	5
溶解性总固体	《生活饮用水标准检验方法 感官性状和物理指标》(GB/T 5750.4—2006)(8.1)	mg/L	4
总硬度	《生活饮用水标准检验方法 感官性状和物理指标》(GB/T 5750.4—2006)(7.1)	mg/L	1.0

分析指标	方法	单位	检出限
硫化物	《水质 硫化物的测定 亚甲基蓝分光光度法》（HJ 1226—2021）	mg/L	0.003
挥发酚	《水质 挥发酚的测定 4-氨基安替比林分光光度法》（HJ 503—2009）	mg/L	0.000 3
阴离子表面活性剂	《生活饮用水标准检验方法 感官性状和物理指标》（GB/T 5750.4—2006)(10.1)	mg/L	0.050
氰化物	《生活饮用水标准检验方法 无机非金属指标》（GB/T 5750.5—2006)(4.1)	mg/L	0.002
碘化物	《生活饮用水标准检验方法 无机非金属指标》（GB/T 5750.5—2006)(11.3)	mg/L	0.025
硫酸盐	《水质 硫酸盐的测定 铬酸钡分光光度法（试行）》（HJ/T 342—2007）	mg/L	8
亚硝酸盐氮	《水质 亚硝酸盐氮的测定 分光光度法》（GB/T 7493—1987）	mg/L	0.003
氟化物	《水质 氟化物的测定 离子选择电极法》（GB/T 7484—1987）	mg/L	0.05
氯化物	《生活饮用水标准检验方法 无机非金属指标》（GB/T 5750.5—2006)(2.1)	mg/L	1.0
硝酸盐氮	《水质 硝酸盐氮的测定 紫外分光光度法（试行）》（HJ/T 346—2007）	mg/L	0.08
氨氮	《水质 氨氮的测定 纳氏试剂分光光度法》（HJ 535—2009）	mg/L	0.025
耗氧量	《生活饮用水标准检验方法 有机物综合指标》（GB/T 5750.7—2006）	mg/L	0.05
金属			
铜	《水质 65 种元素的测定 电感耦合等离子体质谱法》（HJ 700—2014）	μg/L	0.08
六价铬	《生活饮用水标准检验方法 金属指标》（GB/T 5750.6—2006)(10.1)	mg/L	0.004
锰	《水质 65 种元素的测定 电感耦合等离子体质谱法》（HJ 700—2014）	μg/L	0.12
镍	《水质 65 种元素的测定 电感耦合等离子体质谱法》（HJ 700—2014）	μg/L	0.06

分析指标	方法	单位	检出限
锌	《水质 65 种元素的测定 电感耦合等离子体质谱法》（HJ 700—2014）	$\mu g/L$	0.67
锑	《水质 65 种元素的测定 电感耦合等离子体质谱法》（HJ 700—2014）	$\mu g/L$	0.15
铅	《水质 65 种元素的测定 电感耦合等离子体质谱法》（HJ 700—2014）	$\mu g/L$	0.09
铁	《水质 65 种元素的测定 电感耦合等离子体质谱法》（HJ 700—2014）	$\mu g/L$	0.82
钠	《水质 65 种元素的测定 电感耦合等离子体质谱法》（HJ 700—2014）	$\mu g/L$	6.36
镉	《水质 65 种元素的测定 电感耦合等离子体质谱法》（HJ 700—2014）	$\mu g/L$	0.05
铍	《水质 65 种元素的测定 电感耦合等离子体质谱法》（HJ 700—2014）	$\mu g/L$	0.04
砷	《水质 65 种元素的测定 电感耦合等离子体质谱法》（HJ 700—2014）	$\mu g/L$	0.12
硒	《水质 65 种元素的测定 电感耦合等离子体质谱法》（HJ 700—2014）	$\mu g/L$	0.41
钴	《水质 65 种元素的测定 电感耦合等离子体质谱法》（HJ 700—2014）	$\mu g/L$	0.03
钒	《水质 65 种元素的测定 电感耦合等离子体质谱法》（HJ 700—2014）	$\mu g/L$	0.08
汞	《水质 65 种元素的测定 电感耦合等离子体质谱法》（HJ 700—2014）	$\mu g/L$	0.04
铝	《水质 65 种元素的测定 电感耦合等离子体质谱法》（HJ 700—2014）	$\mu g/L$	1.15
挥发性有机物			
三氯甲烷	《水质 挥发性有机物的测定 吹扫捕集/气相色谱-质谱法》（HJ 639—2012）	$\mu g/L$	1.4
四氯化碳	《水质 挥发性有机物的测定 吹扫捕集/气相色谱-质谱法》（HJ 639—2012）	$\mu g/L$	1.5
苯	《水质 挥发性有机物的测定 吹扫捕集/气相色谱-质谱法》（HJ 639—2012）	$\mu g/L$	1.4

分析指标	方法	单位	检出限
甲苯	《水质 挥发性有机物的测定 吹扫捕集/气相色谱-质谱法》(HJ 639—2012)	μg/L	1.4
镍	《水质 65 种元素的测定 电感耦合等离子体质谱法》(HJ 700—2014)	μg/L	0.06
氯甲烷	《吹扫捕集提取法提取水质中挥发性有机物》(USEPA 5030B—1996)、《挥发性有机物 气相色谱/质谱法》(USEPA 8260D—2018)	μg/L	1.3
1,1-二氯乙烷	《水质 挥发性有机物的测定 吹扫捕集/气相色谱-质谱法》(HJ 639—2012)	μg/L	1.2
1,2-二氯乙烷	《水质 挥发性有机物的测定 吹扫捕集/气相色谱-质谱法》(HJ 639—2012)	μg/L	1.4
1,1-二氯乙烯	《水质 挥发性有机物的测定 吹扫捕集/气相色谱-质谱法》(HJ 639—2012)	μg/L	1.2
顺-1,2-二氯乙烯	《水质 挥发性有机物的测定 吹扫捕集/气相色谱-质谱法》(HJ 639—2012)	μg/L	1.2
反-1,2-二氯乙烯	《水质 挥发性有机物的测定 吹扫捕集/气相色谱-质谱法》(HJ 639—2012)	μg/L	1.1
二氯甲烷	《水质 挥发性有机物的测定 吹扫捕集/气相色谱-质谱法》(HJ 639—2012)	μg/L	1.0
1,2-二氯丙烷	《水质 挥发性有机物的测定 吹扫捕集/气相色谱-质谱法》(HJ 639—2012)	μg/L	1.2
1,1,1,2-四氯乙烷	《水质 挥发性有机物的测定 吹扫捕集/气相色谱-质谱法》(HJ 639—2012)	μg/L	1.5
1,1,2,2-四氯乙烷	《水质 挥发性有机物的测定 吹扫捕集/气相色谱-质谱法》(HJ 639—2012)	μg/L	1.1
四氯乙烯	《水质 挥发性有机物的测定 吹扫捕集/气相色谱-质谱法》(HJ 639—2012)	μg/L	1.2
1,1,1-三氯乙烷	《水质 挥发性有机物的测定 吹扫捕集/气相色谱-质谱法》(HJ 639—2012)	μg/L	1.4
1,1,2-三氯乙烷	《水质 挥发性有机物的测定 吹扫捕集/气相色谱-质谱法》(HJ 639—2012)	μg/L	1.5
三氯乙烯	《水质 挥发性有机物的测定 吹扫捕集/气相色谱-质谱法》(HJ 639—2012)	μg/L	1.2

分析指标	方法	单位	检出限
1,2,3-三氯丙烷	《水质 挥发性有机物的测定 吹扫捕集/气相色谱-质谱法》(HJ 639—2012)	μg/L	1.2
氯乙烯	《水质 挥发性有机物的测定 吹扫捕集/气相色谱-质谱法》(HJ 639—2012)	μg/L	1.5
氯苯	《水质 挥发性有机物的测定 吹扫捕集/气相色谱-质谱法》(HJ 639—2012)	μg/L	1.0
1,2-二氯苯	《水质 挥发性有机物的测定 吹扫捕集/气相色谱-质谱法》(HJ 639—2012)	μg/L	0.8
1,4-二氯苯	《水质 挥发性有机物的测定 吹扫捕集/气相色谱-质谱法》(HJ 639—2012)	μg/L	0.8
乙苯	《水质 挥发性有机物的测定 吹扫捕集/气相色谱-质谱法》(HJ 639—2012)	μg/L	0.8
苯乙烯	《水质 挥发性有机物的测定 吹扫捕集/气相色谱-质谱法》(HJ 639—2012)	μg/L	0.6
间二甲苯+对二甲苯	《水质 挥发性有机物的测定 吹扫捕集/气相色谱-质谱法》(HJ 639—2012)	μg/L	2.2
邻二甲苯	《水质 挥发性有机物的测定 吹扫捕集/气相色谱-质谱法》(HJ 639—2012)	μg/L	1.4
半挥发性有机物			
硝基苯	《水和废水监测分析方法》(第四版 增补版),国家环境保护总局,2002 年,4.3.2,气相色谱-质谱法(GC-MS)	μg/L	1.9
苯胺	《水和废水监测分析方法》(第四版 增补版),国家环境保护总局,2002 年,4.3.2,气相色谱-质谱法(GC-MS)	μg/L	1.0
2-氯酚	《水和废水监测分析方法》(第四版 增补版),国家环境保护总局,2002 年,4.3.2,气相色谱-质谱法(GC-MS)	μg/L	3.3
苯并[a]蒽	《水质 多环芳烃的测定 液液萃取和固相萃取高效液相色谱法》(HJ 478—2009)	μg/L	0.012
苯并[a]芘	《水质 多环芳烃的测定 液液萃取和固相萃取高效液相色谱法》(HJ 478—2009)	μg/L	0.004
苯并[b]荧蒽	《水质 多环芳烃的测定 液液萃取和固相萃取高效液相色谱法》(HJ 478—2009)	μg/L	0.004

分析指标	方法	单位	检出限
苯并[k]荧蒽	《水质 多环芳烃的测定 液液萃取和固相萃取高效液相色谱法》(HJ 478—2009)	$\mu g/L$	0.004
䓛	《水质 多环芳烃的测定 液液萃取和固相萃取高效液相色谱法》(HJ 478—2009)	$\mu g/L$	0.005
二苯并[a,h]蒽	《水质 多环芳烃的测定 液液萃取和固相萃取高效液相色谱法》(HJ 478—2009)	$\mu g/L$	0.003
茚并[1,2,3—cd]芘	《水质 多环芳烃的测定 液液萃取和固相萃取高效液相色谱法》(HJ 478—2009)	$\mu g/L$	0.005
萘	《水质 多环芳烃的测定 液液萃取和固相萃取高效液相色谱法》(HJ 478—2009)	$\mu g/L$	0.012
石油烃类			
石油烃($C_{10} \sim C_{40}$)	《水质 可萃取性石油烃($C_{10} - C_{40}$)的测定 气相色谱法》(HJ 894—2017)	mg/L	0.01

5.4 质量保证与质量控制

5.4.1 质量控制与质量控制体系

为保证整个调查采样与实验室检测采样全过程的质量,本次调查建立了全过程的质量保证与质量控制体系,具体见图 5.4-1。

5.4.2 现场采样质量控制措施

1. 采样质量控制

为保证在允许误差范围内获得具有代表性的样品,对本次采样的全过程进行质量控制。实验室分析质量保证和质量控制的具体要求见 HJ 164—2020 和 HJ/T 166—2004。

采样前制定详细的采样计划(采样方案),采样过程中认真按采样计划进行操作。

采样人员必须通过岗前培训,考核合格后持证上岗,切实掌握土壤和地下水采样技术,熟知采样器具的使用和样品固定、保存、运输条件。采样时,应由2人以上在场进行操作。

采样工具、设备保持干燥、清洁,不得使待采样品受到污染和损失。

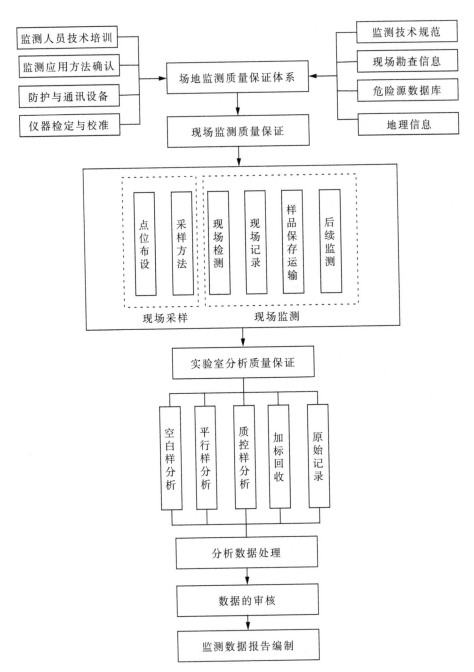

图 5.4-1 污染地块调查采样与实验室检测分析质量保证体系

采样过程中要防止待采样品受到污染和发生变质。

采集到的样品按规范进行保存。用于测定 VOCs 的样品,应贮存于带聚四氟乙烯密封垫的硬质玻璃容器内,置于冷藏箱保存。

样品盛入容器后,在容器壁上应随即贴上标签。样品运输过程中,应防止样品间的交叉污染。盛样容器不可倒置、倒放,应防止破损、浸湿和污染。

在采样时,均要求做好现场记录。将所有必需的记录项制成表格,并逐一填写。采样送检单必须注明填写人和核对人。采样全过程由专人负责保存好采集记录、流转清单等文件。

现场采样质量控制样一般包括现场平行样、现场空白样、运输空白样、清洗空白样等,且质量控制样的总数应不少于总样品数的 10%。据采样计划,现场采集土壤及地下水样品时同步采集现场质量控制样。

2. 钻井工作质量保证措施

钻进设备及机具进入地块前应用无磷洗涤液和纯净水进行彻底清洗,并对钻进设备各接口及动力装置进行漏油检测,不得有燃油和润滑油泄漏,避免将污染物带进地块。在地块存放时,避免钻具受到地面污染。采用冲洗液回转钻进成孔时,尽量使用清水钻进,禁止使用其他添加剂;孔壁不稳定时,应采用临时套管护壁。钻进用水不得使用污染水、劣质水。

保证钻机机台安装稳固,严格对中,严格监控钻机塔架垂直度和钻杆垂直度,保证井孔的垂直度偏差不超过 1%。

在施工过程中见水则进行水位观测,并及时取水样进行化验。

建立专门的施工和协调小组,24 小时驻现场进行相关的工作。

5.4.3 样品保存和流转过程质量控制

采样容器由承担检测的实验室提供,并由实验室预先进行清洗。需要添加保护剂的分析项目,由实验室提前在采样容器中加入保护剂,采样结束后及时送至实验室,以确保在样品的有效期内完成分析。

5.4.4 样品分析测试质量控制

1. 实验室的质量控制

承担检测的实验室已经按照我国环境保护法律、法规及有关规范性文件的规定和 CNAS-CL01:2018《检测和校准实验室能力认可准则》(等同于 ISO/IEC 17025:2017)等相关技术要求编制了实验室《质量手册》和《程序文件》,并按照上述标准运行实验室质量体系。

实验室在检测过程中贯彻执行 ISO9001 质量标准,以实验室《质量手册》《程序文件》为依据,编制检测项目《质量计划》。对检测实施全过程控制,严格遵照《质量计划》的规定进行控制、检验。配备各级质量管理人员,坚持持证上岗制度,实施责任到人的管理办法。

2. 空白试验

每批次样品分析时,应进行空白试验。分析测试方法有规定的,按分析测试方法的规定进行;分析测试方法无规定时,每批样品或每 20 个样品应至少做 1 次空白试验。空白样品分析测试结果一般应低于方法检出限。若空白样品分析测试结果低于方法检出限,可忽略不计;若空白样品分析测试结果略高于方法检出限但比较稳定,可进行多次重复试验,计算空白样品分析测试结果平均值并从样品分析测试结果中扣除;若空白样品分析测试结果明显超过正常值,实验室应查找原因并采取适当的纠正和预防措施,重新对样品进行分析测试。

3. 标准物质

分析仪器校准选用有证标准物质。当没有有证标准物质时,也可用纯度较高(一般不低于 98%)、性质稳定的化学试剂直接配制仪器校准用标准溶液。

4. 校准曲线

采用校准曲线法进行定量分析时,一般应至少使用 5 个浓度梯度的标准溶液(除空白外),覆盖被测样品的浓度范围,且最低点浓度应接近方法测定下限的水平。分析测试方法有规定时,按分析测试方法的规定进行;分析测试方法无规定时,校准曲线相关系数要求为 $r^2 > 0.999$。

5. 仪器稳定性检查

连续进样分析时,每分析测试 20 个样品,应测定一次校准曲线中间浓度点,确认分析仪器校准曲线是否发生显著变化。分析测试方法有规定的,按分析测试方法的规定进行;分析测试方法无规定时,无机检测项目分析测试相对偏差应控制在 10% 以内,有机检测项目分析测试相对偏差应控制在 20% 以内,超过此范围时需要查明原因,重新绘制校准曲线,并重新分析测试该批次全部样品。

6. 精密度控制

每批次样品分析时,每个检测项目(除挥发性有机物外)均须做平行双样分析。在每批次分析样品中,应随机抽取 5% 的样品进行平行双样分析;当批次样品数<20 时,应至少随机抽取 1 个样品进行平行双样分析。平行双样分析一般应由本实验室质量管理人员将平行双样以密码编入分析样品中交检测人员进行分析测试。若平行双样测定值(A,B)的相对偏差(RD)在允许范围内,则该平行双样的精密度控制为合格,否则为不合格。RD 计算公式如下:

$$RD(\%) = \frac{|A-B|}{A+B} \times 100 \qquad (5-1)$$

平行双样分析测试合格率应达到 95%。当合格率小于 95% 时,应查明产生不合格结果的原因,采取适当的纠正和预防措施。除对不合格结果重新分析测试外,应再增加 5%~15% 的平行双样分析比例,直至总合格率达到 95%。

7. 准确度控制

当具备与被测土壤或地下水样品基体相同或类似的有证标准物质时,应在每批次样品分析时同步均匀插入与被测样品含量水平相当的有证标准物质样品进行分析测试。每批次同类型分析样品要求按样品数 5% 的比例插入标准物质样品;当批次分析样品数<20 时,应至少插入 1 个标准物质样品。

将标准物质样品的分析测试结果(x)与标准物质认定值(或标准值)(μ)进行比较,计算相对误差(RE)。RE 计算公式如下:

$$RE(\%) = \frac{x-\mu}{\mu} \times 100 \qquad (5-2)$$

若 RE 在允许范围内,则对该标准物质样品分析测试的准确度控制为合格,否则为不合格。

有证标准物质样品分析测试合格率应达到 100%。当出现不合格结果时,应查明其原因,采取适当的纠正和预防措施,并对该标准物质样品及与之关联的详查送检样品重新进行分析测试。

8. 加标回收率试验

当没有合适的土壤或地下水基体有证标准物质时,应采用基体加标回收率试验对准确度进行控制。每批次同类型分析样品中,应随机抽取 5% 的样品进行加标回收率试验;当批次分析样品数<20 时,应至少随机抽取 1 个样品进行加标回收率试验。此外,在进行有机污染物样品分析时,最好能进行替代物加标回收率试验。

基体加标和替代物加标回收率试验应在样品处理之前进行,加标样品与试样应在相同的前处理和分析条件下进行分析测试。加标量可视被测组分含量而定,含量高的可加入被测组分含量的 0.5～1.0 倍,含量低的可加 2～3 倍,但加标后被测组分的总量不得超出分析测试方法的测定上限。

若基体加标回收率在规定的允许范围内,则该加标回收率试验样品的准确度控制为合格,否则为不合格。

基体加标回收率试验结果合格率应达到 100%。当出现不合格结果时,应查明其原因,采取适当的纠正和预防措施,并对该批次样品重新进行分析测试。

9. 分析测试数据记录与审核

检测实验室应保证分析测试数据的完整性,确保全面、客观地反映分析测试结果,不得选择性地舍弃数据,人为干预分析测试结果。检测人员应对原始数据和报告数据进行校核。对发现的可疑报告数据,应与样品分析测试原始记录进行校对。分析测试原始记录应有检测人员和审核人员的签名。检测人员负责填写原始记录;审核人员应检查数据记录是否完整、抄写或录入计算机时是否有误、数据是否异常等,并考虑分析方法、分析条件、数据的有效位数、数据计算和处理过程、法定计量单位和内部质量控制数据等因素,审核人员应对数据的准确性、逻辑性、可比性和合理性进行审核。

6　检测数据分析

在实验室分析工作结束后,调查工作组应汇总场地现场调查资料、采样原始记录、实验室原始记录以及采样点位图、监测结果报表等相关图表,并对其进行整理和分析,对场地污染状况作出评价。本书以苏北某涉重企业地块为例,对该地块土壤和地下水污染状况进行了详细评价。

6.1　场地土壤污染状况

本次调查场地位于某工业园区内,规划用地性质为工业用地,本次调查以《土壤环境质量　建设用地土壤污染风险管控标准》(GB 36600—2018)第二类用地筛选值为评价标准。

6.1.1　场地土壤调查概述

本次调查场地内布设 42 个土壤采样点(不包含场地外土壤对照点),送检土壤样品 168 份(不含 17 份平行样)。共检测 53 种检测因子,包括 pH、重金属 13 种、挥发性有机污染物 27 种、半挥发性有机污染物 11 种、石油烃($C_{10} \sim C_{40}$),检出检测因子 15 种,包括 12 种重金属(铜、铬、镍、锌、锑、铅、镉、铍、砷、汞、钴、钒)、1 种挥发性有机污染物(1,2-二氯丙烷)、石油烃($C_{10} \sim C_{40}$),六价铬未检出。场地土壤样品检出情况统计见表 6.1-1。

表 6.1-1　场地土壤样品检测情况统计

序号	检出项目	检出限 (mg/kg)	检出浓度范围(mg/kg)	检出个数	检出率(%)	筛选值 * (mg/kg)
1　重金属						
1.1	铜(Cu)	1	3～65	168	100	18 000
1.2	铬(Cr)	5	28～138	168	100	2 500 *
1.3	镍(Ni)	5	23～247	168	100	900
1.4	锌(Zn)	0.5	16.5～164.0	168	100	10 000 *
1.5	锑(Sb)	0.08	0.64～137.00	168	100	180
1.6	铅(Pb)	0.1	9.2～2 490.0	168	100	800
1.7	镉(Cd)	0.01	0.01～2.03	167	99.4	65
1.8	铍(Be)	0.03	0.29～14.70	168	100	29
1.9	砷(As)	0.01	3.13～37.90	168	100	60
1.10	汞(Hg)	0.002	0.002～0.044	165	98.2	38
1.11	钴(Co)	0.03	9.86～182.00	168	100	70
1.12	钒(V)	0.4	35.9～172.0	168	100	752
2　挥发性有机物						
2.1	1,2-二氯丙烷	0.001 1	0.049 9～0.063 6	2	1.2	5
3　石油烃						
3.1	石油烃 (C_{10}～C_{40})	6	6～563	168	100	4 500

* 铬、锌的筛选值参照浙江省《污染场地风险评估技术导则》(DB33/T 892—2013)附录 A(规范性附录) 部分关注污染物的土壤风险评估筛选值(商服及工业用地筛选值)。

6.1.2　场地土壤理化性质

本次调查筛选了场地内 168 份土壤样品,进行了 pH 和干物质的测定,结果见表 6.1-2。场地土壤样品 pH 变化范围为 7.56～8.90,土壤总体偏碱性。土壤样品干重变化范围为 72.8%～95.6%,平均值为 81.9%,可见该场地土壤含水率相对较低。

表 6.1-2　场地土壤理化性质

序号	项目	单位	最小值	平均值	最大值	标准偏差
1	pH	—	7.56	—	8.90	—
2	干物质	％	72.8	81.9	95.6	4.7

6.1.3　场地土壤重金属污染状况

本次调查选取了场地内 168 份土壤样品,进行了 13 种重金属(铜、锌、镍、铬、六价铬、铅、镉、砷、汞、铍、锑、钴、钒)含量的测定,除六价铬未检出外其他均有检出。检出的 12 种重金属,除镉的检出率为 99.4％和汞的检出率为 98.2％外,其他均为 100％检出。土壤重金属含量检出情况统计见表 6.1-3。

铜的检出浓度为 3～65 mg/kg,平均检出浓度为 29 mg/kg;铬的检出浓度为 28～138 mg/kg,平均检出浓度为 68 mg/kg;镍的检出浓度为 23～247 mg/kg,平均检出浓度为 73 mg/kg;锌的检出浓度为 16.5～164.0 mg/kg,平均检出浓度为 78.7 mg/kg;锑的检出浓度为 0.64～137.00 mg/kg,平均检出浓度为 3.41 mg/kg;铅的检出浓度为 9.2～2 490.0 mg/kg,平均检出浓度为 152.2 mg/kg;镉的检出浓度为 0.01～2.03 mg/kg,平均检出浓度为 0.17 mg/kg;铍的检出浓度为 0.29～14.70 mg/kg,平均检出浓度为 2.82 mg/kg;砷的检出浓度为 3.13～37.90 mg/kg,平均检出浓度为 15.40 mg/kg;汞的检出浓度为 0.002～0.044 mg/kg,平均检出浓度为 0.016 mg/kg;钴的检出浓度为 9.86～182.00 mg/kg,平均检出浓度为 46.46 mg/kg;钒的检出浓度为 35.9～172.0 mg/kg,平均检出浓度为 92.4 mg/kg。

对照《土壤环境质量 建设用地土壤污染风险管控标准》(GB 36600—2018),除铅和钴外,本次调查土壤的其他重金属含量均未超过第二类用地筛选值。本次调查的 168 个土壤样品中,5 个土壤采样点的 8 个土壤样品铅检出浓度超过第二类用地筛选值,铅超标率为 4.8％,铅的最大超标倍数为 2.1 倍;19 个土壤采样点的 23 个土壤样品钴检出浓度超过第二类用地筛选值,钴超标率为 13.7％,钴的最大超标倍数为 1.6 倍。本次调查铅和钴超筛选值情况见表 6.1-4。

表 6.1-3 场地土壤重金属检出情况一览表

序号	检出项目	检出限(mg/kg)	最小值(mg/kg)	最大值(mg/kg)	平均值(mg/kg)	标准偏差(mg/kg)	检出个数	检出率(%)	筛选值*(mg/kg)	超标个数	超标率(%)	最大超标倍数
1	铜	1	3	65	29	10	168	100%	18 000	0	0	0
2	铬	5	28	138	68	20	168	100%	2 500*	0	0	0
3	镍	5	23	247	73	38	168	100%	900	0	0	0
4	锌	0.5	16.5	164.0	78.7	22.5	168	100%	10 000*	0	0	0
5	锑	0.08	0.64	137.00	3.41	12.21	168	100%	180	0	0	0
6	铅	0.1	9.2	2 490.0	152.2	360.0	168	100%	800	8	4.8%	2.1
7	镉	0.01	0.01	2.03	0.17	0.35	167	99.4%	65	0	0	0
8	铍	0.03	0.29	14.70	2.82	2.37	168	100%	29	0	0	0
9	砷	0.01	3.13	37.90	15.40	6.32	165	98.2%	60	0	0	0
10	汞	0.002	0.002	0.044	0.016	0.007	168	100%	38	0	0	0
11	钴	0.03	9.86	182.00	46.46	32.98	168	100%	70	23	13.7%	1.6
12	钒	0.4	35.9	172.0	92.4	24.9	168	100%	752	0	0	0

* 铬、锌的筛选值参照浙江省《污染场地风险评估技术导则》(DB33/T 892—2013)附录 A(规范性附录)部分关注污染物的土壤风险评估筛选值(商服及工业用地筛选值)。

表 6.1-4　本次调查土壤铅和钴超筛选值情况一览表

序号	样点	样点编号	浓度超过第二类用地筛选值的污染物及其检出浓度(mg/kg)
1	S1	S1－1.5 m	钴(164.00)
2		S1－3.0 m	钴(174.00)
3	S3	S3－3.0 m	钴(83.40)
4	S4	S4－0.5 m	铅(1 040.0)
5		S4－1.0 m	铅(1 390.0)
6		S4－1.5 m	钴(164.00)
7	S6	S6－1.5 m	钴(96.10)
8		S6－3.0 m	钴(89.80)
9	S8	S8－0.5 m	铅(2 360.0)
10		S8－2.5 m	钴(182.00)
11	S9	S9－2.0 m	钴(86.00)
12	S10	S10－2.5 m	钴(73.60)
13	S12	S12－4.0 m	钴(106.00)
14	S13	S13－1.5 m	钴(85.90)
15	S14	S14－2.0 m	钴(87.80)
16	S19	S19－1.5 m	钴(117.00)
17	S20	S20－2.5 m	钴(108.00)
18	S23	S23－0.5 m	铅(1 120.0)
19		S23－2.5 m	钴(71.90)
20	S24	S24－2.0 m	铅(2 490.0)
21		S24－6.0 m	铅(1 020.0)
22	S25	S25－0.5 m	铅(1 590.0)
23		S25－1.0 m	铅(1 050.0)
24	S31	S31－1.0 m	钴(131.00)
25	S32	S32－5.0 m	钴(94.90)
26	S36	S36－1.0 m	钴(122.00)
27		S36－2.5 m	钴(114.00)

序号	样点	样点编号	浓度超过第二类用地筛选值的 污染物及其检出浓度(mg/kg)
28	S38	S38 - 1.5 m	钴(89.90)
29	S39	S39 - 3.0 m	钴(133.00)
30		S39 - 4.0 m	钴(72.70)
31	S40	S40 - 5.0 m	钴(89.50)

根据表6.1-4,可绘制本次调查超筛选值点位分布图,详见图6.1-1。根据土壤超筛选值点位分布图可以看出,铅污染物主要分布在场地原有一期和二期危废仓库、二期3♯厂房内的灌粉车间,而钴污染物在场地内分布广泛,包括场地原有一期和二期危废仓库、2♯厂房、3♯厂房以及部分道路和绿化带。

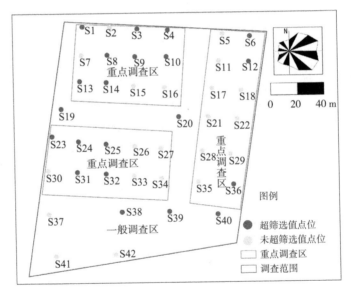

图 6.1-1　本次调查超筛选值点位分布图

6.1.4　场地土壤有机物污染情况

1. 土壤 VOCs 检出情况

本次调查进行实验室 VOCs 分析的土壤样品总计 168 份,检测 27 种 VOCs 指标,仅 S21 - 0.5 m 和 S35 - 0.5 m 两个土壤样品检出 1 种(1,2-二氯丙烷),检出浓度分别为 49.9 μg/kg 和 63.6 μg/kg,平均检出浓度为

56.8 $\mu g/kg$，检出率为 1.2%，详见表 6.1-5。可见，本次调查土壤样品 VOCs 检出浓度很低，且未超过《土壤环境质量 建设用地土壤污染风险管控标准》（GB 36600—2018）第二类用地筛选值。

表 6.1-5　场地土壤 VOCs 污染物检出情况

序号	检出项目 ($\mu g/kg$)	检出限 ($\mu g/kg$)	最小值 ($\mu g/kg$)	最大值 ($\mu g/kg$)	平均值 ($\mu g/kg$)	标准差 ($\mu g/kg$)	检出个数	检出率	筛选值 ($\mu g/kg$)
1	1,2—二氯丙烷	1.1	49.9	63.6	56.8	—	2	1.2%	5 000

2. 土壤 SVOCs 检出情况

本次调查进行实验室 SVOCs 分析的土壤样品总计 168 份，检测 11 种 SVOCs 指标，均未检出，满足《土壤环境质量 建设用地土壤污染风险管控标准》（GB 36600—2018）第二类用地筛选值要求。

3. 土壤石油烃类检出情况

本次调查进行实验室石油烃类分析的土壤样品总计 168 份，进行了石油烃（$C_{10} \sim C_{40}$）检测，结果均未超过《土壤环境质量 建设用地土壤污染风险管控标准》（GB 36600—2018）第二类用地筛选值，详见表 6.1-6。

表 6.1-6　地块土壤石油烃类检出情况

检测项目	最小值 (mg/kg)	最大值 (mg/kg)	平均值 (mg/kg)	标准差 (mg/kg)	检出个数	检出率	筛选值 (mg/kg)
石油烃（$C_{10} \sim C_{40}$）	6.00	563.00	19.04	47.33	168	100%	4 500

6.2　场地外土壤对照点

本次调查在场地外部区域多个方向不同距离布设 6 个土壤对照点，筛选土壤样品 24 份（不含 3 份平行样）。共检测 53 种检测因子，包括 pH、重金属 13 种、挥发性有机污染物 27 种、半挥发性有机污染物 11 种、石油烃（$C_{10} \sim C_{40}$），检出检测因子 12 种，即 12 种重金属（铜、铬、镍、锌、锑、铅、镉、铍、砷、汞、钴、钒），六价铬和有机污染物均未检出。场地外土壤对照点土壤样品 pH 范围为 7.00～8.07，干物质含量范围为 68.8%～86.3%。场地外土壤对照点土壤样品检出情况统计见表 6.2-1 及表 6.2-2。对照《土壤环境质量 建设用地土壤污染风险管控标准》(GB 36600—2018),场地外土壤对照点土壤样品检测因子含量均低于第二类用地筛选值。

表 6.2-1 场地外土壤对照点样品检测情况统计

序号	检出项目	检出限 (mg/kg)	检出浓度范围 (mg/kg)	检出个数	检出率(%)
1	铜(Cu)	1	19～42	24	100
2	铬(Cr)	5	25～79	24	100
3	镍(Ni)	5	16～69	24	100
4	锌(Zn)	0.5	17.1～85.0	24	100
5	锑(Sb)	0.08	0.80～1.65	24	100
6	铅(Pb)	0.1	19.3～54.0	24	100
7	镉(Cd)	0.01	0.03～0.10	24	100
8	铍(Be)	0.03	0.85～2.89	24	100
9	砷(As)	0.01	4.29～17.10	24	100
10	汞(Hg)	0.002	0.015～0.040	24	100
11	钴(Co)	0.03	9.94～53.90	24	100
12	钒(V)	0.4	50.5～108.0	24	100

表 6.2-2 场地外土壤对照点样品重金属检出情况一览表

序号	重金属	检出限 (mg/kg)	最小值 (mg/kg)	最大值 (mg/kg)	平均值 (mg/kg)	标准偏差 (mg/kg)	筛选值 * (mg/kg)
1	铜(Cu)	1	19	42	29	8	18 000
2	铬(Cr)	5	25	79	54	14	2 500 *
3	镍(Ni)	5	16	69	38	17	900
4	锌(Zn)	0.5	17.1	85.0	42.9	19.7	10 000 *
5	锑(Sb)	0.08	0.80	1.65	1.15	0.28	180
6	铅(Pb)	0.1	19.3	54.0	27.6	10.2	800
7	镉(Cd)	0.01	0.03	0.10	0.06	0.03	65
8	铍(Be)	0.03	0.85	2.89	2.24	0.61	29

序号	重金属	检出限 (mg/kg)	最小值 (mg/kg)	最大值 (mg/kg)	平均值 (mg/kg)	标准偏差 (mg/kg)	筛选值＊ (mg/kg)
9	砷(As)	0.01	4.29	17.10	9.99	3.77	60
10	汞(Hg)	0.002	0.015	0.040	0.023	0.008	38
11	钴(Co)	0.03	9.94	53.90	20.82	13.29	70
12	钒(V)	0.4	50.5	108.0	74.3	19.2	752

＊铬、锌的筛选值参照《浙江省污染场地风险评估技术导则》(DB33/T 892—2013)附录 A(规范性附录)部分关注污染物的土壤风险评估筛选值(商服及工业用地筛选值)。

6.3 场地土壤与土壤对照点对比分析

本次调查场地土壤样品 VOCs 和 SVOCs 检出浓度均很低,土壤对照点土壤样品 VOCs 和 SVOCs 均未检出,可见本次调查场地受 VOCs 和 SVOCs 的影响很小。因此本节重点对比分析调查场地土壤与土壤对照点土壤样品重金属的检出情况,对比分析数据具体见表 6.3-1。从场地内土壤重金属检出浓度平均值与土壤对照点比值可以看出:仅铜、汞比值小于等于 1,说明场地内土壤未受铜、汞的污染影响;铬、铍、钒比值大于 1 但不超过 1.3,说明场地内土壤受铬、铍、钒的污染影响较小;镍、锌、锑、镉、砷、钴比值大于 1.3 但不超过 3.0,说明场地内土壤可能受镍、锌、锑、镉、砷、钴的污染影响;铅的比值最大,达到 5.5,说明场地内土壤受铅的污染影响较大。

表 6.3-1 场地土壤重金属检出浓度与土壤对照点对比分析数据表

检出项目	检出限 (mg/kg)	土壤对照点检出浓度 平均值(mg/kg)	场地内土壤检出浓度 平均值(mg/kg)	场地内土壤占土壤 对照点比值
铜(Cu)	1	29	29	1
铬(Cr)	5	54	68	1.3
镍(Ni)	5	38	73	1.9
锌(Zn)	0.5	42.9	78.7	1.8
锑(Sb)	0.08	1.15	3.41	3.0
铅(Pb)	0.1	27.6	152.2	5.5

检出项目	检出限 (mg/kg)	土壤对照点检出浓度 平均值(mg/kg)	场地内土壤检出浓度 平均值(mg/kg)	场地内土壤占土壤 对照点比值
镉(Cd)	0.01	0.06	0.17	2.8
铍(Be)	0.03	2.24	2.82	1.3
砷(As)	0.01	9.99	15.40	1.5
汞(Hg)	0.002	0.023	0.016	0.7
钴(Co)	0.03	20.82	46.46	2.2
钒(V)	0.4	74.3	92.4	1.2

6.4 地下水污染状况

本次调查场地位于某工业园区内,规划用地性质为工业用地。目前该地区暂无地下水功能区划,为了更直观地评价本次调查场地的地下水质量状况,本次调查以《地下水质量标准》(GB/T 14848—2017)Ⅳ类标准限值为评价标准。

6.4.1 场地地下水调查概述

本次调查场地共布设地下水监测井5口,采集5份地下水样品(不含1份平行样)。共检测77种检测因子,包括《地下水质量标准》(GB/T 14848—2017)无机监测指标、重金属以及有机污染物等,检出因子共32种。以《地下水质量标准》(GB/T 14848—2017)Ⅳ类标准限值为标准,该场地地下水色度、浊度、总硬度、硫酸盐、氟化物、锑、铅等存在超标情况,有机污染物不存在超标情况。场地地下水检出情况统计见表6.4-1。

表6.4-1 场地地下水检出污染物一览表

序号	检出项目	检测结果	地下水质量 标准Ⅳ类	检出 个数	超标 个数
1	pH	7.42～7.66	5.5～9.0	5	0
2	臭和味	无	无	0	0
3	肉眼可见物	无	无	0	0
4	浊度	6～90 NTU	≤10 NTU	5	2
5	色度	5～50	≤25	5	2

序号	检出项目	检测结果	地下水质量标准Ⅳ类	检出个数	超标个数
6	溶解性总固体	724～1 400 mg/L	≤2 000 mg/L	5	0
7	总硬度	368～665 mg/L	≤650 mg/L	5	1
8	挥发酚	0.004 0～0.007 6 mg/L	≤0.01 mg/L	3	0
9	阴离子表面活性剂	0.08～0.20 mg/L	≤0.3 mg/L	3	0
10	碘化物	0.038～0.089 mg/L	≤0.5 mg/L	3	0
11	硫酸盐	38～458 mg/L	≤350 mg/L	5	1
12	亚硝酸盐氮	0.005～0.093 mg/L	≤4.8 mg/L	4	0
13	氟化物	1.64～2.53 mg/L	≤2 mg/L	5	2
14	氯化物	65.2～211.0 mg/L	≤350 mg/L	5	0
15	硝酸盐氮	0.39～2.57 mg/L	≤30 mg/L	4	0
16	耗氧量	0.99～5.38 mg/L	≤10 mg/L	5	0
17	铜(Cu)	0.12～1.00 μg/L	≤1 500 μg/L	4	0
18	锰(Mn)	5.7～83.9 μg/L	≤1 500 μg/L	5	0
19	镍(Ni)	0.15～2.09 μg/L	≤100 μg/L	4	0
20	锌(Zn)	2.91～19.10 μg/L	≤5 000 μg/L	4	0
21	锑(Sb)	≤0.99～11.10 μg/L	≤10 μg/L	5	1
22	铅(Pb)	4.52～161.00 μg/L	≤100 μg/L	5	1
23	钠(Na)	20 500～104 000 μg/L	≤400 000 μg/L	5	0
24	镉(Cd)	0.08～0.32 μg/L	≤10 μg/L	3	0
25	铍(Be)	1.29 μg/L	≤60 μg/L	1	0
26	砷(As)	0.46～1.71 μg/L	≤50 μg/L	4	0
27	硒(Se)	0.56～1.95 μg/L	≤100 μg/L	3	0
28	钴(Co)	0.32～2.05 μg/L	≤100 μg/L	4	0
29	钒(V)*	0.32～1.96 μg/L	—	5	
30	铝(Al)	2.52 μg/L	≤500 μg/L	1	0
31	1,1-二氯乙烷*	1.4 μg/L	—	1	—
32	1,2-二氯丙烷	4.6 μg/L	≤60 μg/L	1	0

*《地下水质量标准》(GB/T14848—2017)中无钒、1,1—二氯乙烷的标准。

6.4.2 地下水污染状况评价

根据场地内采集的 5 份地下水样品检出数据分析可知:地下水样品 pH 变化范围为 7.42～7.66,水质为中性;从感官性状看,场地内地下水无臭、无味、无明显肉眼可见物,W1 和 W2 监测井地下水样品的浊度和色度较高;从无机污染物和重金属的检出情况看,检出率 100% 的无机污染物指标和重金属为:溶解性总固体、总硬度、硫酸盐、氟化物、氯化物、耗氧量、锰、锰、锑、铅、钠、钒等,W1、W2 和 W4 监测井的部分无机污染物指标和重金属含量超过《地下水质量标准》(GB/T 14848—2017)Ⅳ类标准限值,超标的无机污染物指标和重金属为:总硬度、硫酸盐、氟化物、锑、铅等;从有机污染物检出情况看,共检出 2 种有机污染物,最大检出浓度较高的有机污染物为 1,2 -二氯丙烷(4.6 μg/L)。场地地下水检出情况统计见表 6.4-2。

表 6.4-2　场地地下水检出情况统计一览表

序号	检出项目	检测限	单位	最大值	最小值	平均值	标准偏差	样品数	检出个数	检出率
1	pH	—	无量纲	7.66	7.42	—	—	5	5	100%
2	臭和味	—	—	—	—	—	—	5	0	0
3	肉眼可见物	—	—	—	—	—	—	5	0	0
4	浊度	1	NTU	90	6	—	—	5	5	100%
5	色度	5	铂钴色度单位	50	5	—	—	5	5	100%
6	溶解性总固体	4	mg/L	1 400	724	1 000	307	5	5	100%
7	总硬度	1.0	mg/L	665.0	368.0	474.6	122.7	5	5	100%
8	挥发酚	0.000 3	mg/L	0.007 6	0.004 0	0.005 9	0.001 8	5	3	60%
9	阴离子表面活性剂	0.05	mg/L	0.20	0.08	0.13	0.06	5	3	60%
10	碘化物	0.025	mg/L	0.089	0.038	0.063	0.026	5	3	60%
11	硫酸盐	8	mg/L	458	38	168	176	5	5	100%
12	亚硝酸盐氮	0.003	mg/L	0.093	0.005	0.040	0.043	5	4	80%
13	氟化物	0.05	mg/L	2.53	1.64	2.07	0.36	5	5	100%
14	氯化物	1.0	mg/L	211.0	65.2	129.5	59.5	5	5	100%

序号	检出项目	检测限	单位	最大值	最小值	平均值	标准偏差	样品数	检出个数	检出率
15	硝酸盐氮	0.08	mg/L	2.57	0.39	1.27	1.05	5	4	80%
16	耗氧量	0.05	mg/L	5.38	0.99	2.08	1.86	5	5	100%
17	铜(Cu)	0.08	μg/L	1.00	0.12	0.50	0.38	5	4	80%
18	锰(Mn)	0.12	μg/L	83.90	5.70	50.59	32.24	5	5	100%
19	镍(Ni)	0.06	μg/L	2.09	0.15	1.21	0.80	5	4	80%
20	锌(Zn)	0.67	μg/L	19.10	2.91	10.24	6.76	5	4	80%
21	锑(Sb)	0.15	μg/L	11.10	0.99	5.52	4.54	5	5	100%
22	铅(Pb)	0.09	μg/L	161.00	4.52	53.64	62.81	5	5	100%
23	钠(Na)	6.36	μg/L	104 000	20 500	75 940	32 390	5	5	100%
24	镉(Cd)	0.05	μg/L	0.32	0.08	0.16	0.14	5	3	60%
25	铍(Be)	0.04	μg/L	1.29	1.29	1.29	—	5	1	20%
26	砷(As)	0.12	μg/L	1.71	0.46	0.94	0.55	5	4	80%
27	硒(Se)	0.41	μg/L	1.95	0.56	1.09	0.75	5	3	60%
28	钴(Co)	0.03	μg/L	2.05	0.32	0.84	0.46	5	4	80%
29	钒(V)	0.08	μg/L	1.96	0.32	0.89	0.65	5	5	100%
30	铝(Al)	1.15	μg/L	2.52	2.52	2.52	—	5	1	20%
31	1,2-二氯丙烷	1.2	μg/L	4.6	4.6	4.6	—	5	1	20%
32	1,1-二氯乙烷	1.2	μg/L	1.4	1.4	1.4	—	5	1	20%

6.4.3 地下水质量评价

地下水环境质量评价依据国家《地下水质量标准》(GB 14848—2017)进行。依据我国地下水质量状况和人体健康风险,参照生活饮用水、工业、农业等用水水质要求,依据各组分含量高低(pH除外),分为五类:

Ⅰ类:地下水化学组分含量低,适用于各种用途;

Ⅱ类:地下水化学组分含量较低,适用于各种用途;

Ⅲ类:地下水化学组分含量中等,以 GB 5749—2022 为依据,主要适用于集中式生活饮用水水源及工农业用水;

Ⅳ类:地下水化学组分含量较高,以农业和工业用水质量要求以及一定水平的人体健康风险为依据,适用于农业和部分工业用水,适当处理后可作生活饮用水;

Ⅴ类:地下水化学组分含量高,不宜作为生活饮用水水源,其他用水可根据使用目的选用。

1. 地下水质量评价

1)地下水质量单指标评价:按指标值所在的限值范围确定地下水质量类别,指标限值相同时,从优不从劣。

2)地下水质量综合评价:按单指标评价结果最差的类别确定,并指出最差类别的指标。

2. 地下水质量评价结果

本次调查场地采集的 5 份地下水样品的污染物检出情况如表 6.4-3 所示。根据《地下水质量标准》(GB 14848—2017)中的地下水水质分类标准对这 5 份地下水样品的水质进行评价,评价结果见表 6.4-4。

由表 6.4-4 可知,该场地地下水样品的色度、浊度、总硬度、硫酸盐、氟化物、锑、铅等指标的检出值存在超过《地下水质量标准》(GB/T 14848—2017)Ⅳ类标准限值的情况,因此将该场地地下水质量综合类别定为 Ⅴ 类,地下水化学组分含量较高,不宜作为生活饮用水水源。

表 6.4-3　各监测井地下水样品污染物检出情况

检出项目	检出限	单位	W1	W2	W3	W4	W5
pH	—	无量纲	7.66	7.42	7.65	7.63	7.50
臭和味	—	—	无	无	无	无	无
肉眼可见物	—	—	黄色,无明显肉眼可见物	黄色,无明显肉眼可见物	微黄,无明显肉眼可见物	微黄,无明显肉眼可见物	微黄,无明显肉眼可见物
浊度	1	NTU	90	55	6	Ⅳ	Ⅳ
色度	5	度	50	45	10	5	10
溶解性总固体	4	mg/L	1 400	1 260	724	814	804
总硬度	1.0	mg/L	665	520	368	377	443
硫化物	0.005	mg/L	<0.005	<0.005	<0.005	<0.005	<0.005

检出项目	检出限	单位	W1	W2	W3	W4	W5
挥发酚	0.000 3	mg/L	<0.000 3	0.006 0	0.004 0	0.007 6	<0.000 3
阴离子表面活性剂	0.05	mg/L	<0.05	0.20	<0.05	0.11	0.08
氰化物	0.002	mg/L	<0.002	<0.002	<0.002	<0.002	<0.002
碘化物	0.025	mg/L	0.063	0.089	<0.025	0.038	<0.025
硫酸盐	8	mg/L	458	206	99	38	39
亚硝酸盐氮	0.003	mg/L	0.056	0.093	<0.003	0.005	0.006
氟化物	0.05	mg/L	1.64	2.32	1.85	2.53	1.99
氯化物	1.0	mg/L	94.5	211.0	65.2	107.0	170.0
硝酸盐氮	0.08	mg/L	0.46	1.67	<0.08	0.39	2.57
氨氮	0.025	mg/L	<0.025	<0.025	<0.025	<0.025	<0.025
六价铬	0.004	mg/L	<0.004	<0.004	<0.004	<0.004	<0.004
耗氧量	0.05	mg/L	1.70	5.38	1.22	0.99	1.11
铜(Cu)	0.08	μg/L	0.56	1.00	0.12	0.30	<0.08
锰(Mn)	0.12	μg/L	27.60	83.90	65.00	69.90	6.56
镍(Ni)	0.06	μg/L	1.32	1.29	0.15	2.09	<0.06
锌(Zn)	0.67	μg/L	2.91	19.10	8.15	10.80	<0.67
锑(Sb)	0.15	μg/L	1.43	11.10	4.89	9.20	0.99
铅(Pb)	0.09	μg/L	16.50	161.00	54.10	32.10	4.52
铁(Fe)	0.82	μg/L	<0.82	<0.82	<0.82	<0.82	<0.82
钠(Na)	6.36	μg/L	94 100	78 000	82 700	104 000	20 900
镉(Cd)	0.05	μg/L	<0.05	0.32	0.08	0.08	<0.05
铍(Be)	0.04	μg/L	<0.04	<0.04	<0.04	1.29	<0.04
砷(As)	0.12	μg/L	0.46	0.93	1.71	0.66	<0.12
硒(Se)	0.41	μg/L	1.95	<0.41	0.76	0.56	<0.41
钴(Co)	0.03	μg/L	0.32	1.13	0.61	1.31	<0.03
钒(V)	0.08	μg/L	0.48	0.32	0.96	0.74	1.96
铝(Al)	1.15	μg/L	<1.15	<1.15	<1.15	2.52	<1.15

检出项目	检出限	单位	W1	W2	W3	W4	W5
1,2-二氯丙烷	1.2	μg/L	<1.2	<1.2	4.6	<1.2	<1.2
1,1-二氯乙烷	1.2	μg/L	1.4	<1.2	<1.2	<1.2	<1.2

表 6.4-4　地下水质量评价结果

检出项目	W1	W2	W3	W4	W5
pH	Ⅰ	Ⅰ	Ⅰ	Ⅰ	Ⅰ
臭和味	Ⅰ	Ⅰ	Ⅰ	Ⅰ	Ⅰ
肉眼可见物	Ⅰ	Ⅰ	Ⅰ	Ⅰ	Ⅰ
浊度	Ⅴ	Ⅴ	Ⅰ	Ⅳ	Ⅳ
色度	Ⅴ	Ⅴ	Ⅲ	Ⅰ	Ⅲ
溶解性总固体	Ⅳ	Ⅳ	Ⅲ	Ⅲ	Ⅲ
总硬度	Ⅴ	Ⅳ	Ⅲ	Ⅲ	Ⅲ
硫化物	Ⅰ	Ⅰ	Ⅰ	Ⅰ	Ⅰ
挥发酚	Ⅰ	Ⅳ	Ⅳ	Ⅳ	Ⅰ
阴离子表面活性剂	Ⅰ	Ⅲ	Ⅰ	Ⅲ	Ⅱ
氰化物	Ⅰ	Ⅰ	Ⅰ	Ⅰ	Ⅰ
碘化物	Ⅲ	Ⅳ	Ⅰ	Ⅰ	Ⅰ
硫酸盐	Ⅴ	Ⅲ	Ⅱ	Ⅰ	Ⅰ
亚硝酸盐氮	Ⅱ	Ⅱ	Ⅰ	Ⅰ	Ⅰ
氟化物	Ⅳ	Ⅴ	Ⅳ	Ⅴ	Ⅳ
氯化物	Ⅱ	Ⅲ	Ⅱ	Ⅱ	Ⅲ
硝酸盐氮	Ⅰ	Ⅰ	Ⅰ	Ⅰ	Ⅱ
氨氮	Ⅰ	Ⅰ	Ⅰ	Ⅰ	Ⅰ
六价铬	Ⅰ	Ⅰ	Ⅰ	Ⅰ	Ⅰ
耗氧量	Ⅱ	Ⅳ	Ⅱ	Ⅰ	Ⅱ
铜(Cu)	Ⅰ	Ⅰ	Ⅰ	Ⅰ	Ⅰ
锰(Mn)	Ⅰ	Ⅲ	Ⅲ	Ⅲ	Ⅰ

检出项目	W1	W2	W3	W4	W5
镍(Ni)	I	I	I	III	I
锌(Zn)	I	I	I	I	I
锑(Sb)	III	V	III	IV	III
铅(Pb)	IV	V	IV	IV	I
铁(Fe)	I	I	I	I	I
钠(Na)	I	I	I	II	I
镉(Cd)	I	II	I	I	I
铍(Be)	I	I	I	II	I
砷(As)	I	I	II	I	I
硒(Se)	I	I	I	I	I
钴(Co)	I	I	I	I	I
钒(V)*	—	—	—	—	—
铝(Al)	I	I	I	I	I
1,2-二氯丙烷	I	I	III	I	I
1,1-二氯乙烷*	—	—	—	—	—

*《地下水质量标准》(GB/T14848—2017)中无钒、1,1—二氯乙烷的标准。

根据《地下水环境状况调查评价工作指南(试行)》(2019年版)要求,地下水污染羽不涉及地下水饮用水源(在用、备用、应急、规划水源)补给径流区和保护区,地下水有毒有害物质指标超过《地下水质量标准》(GB/T 14848—2017)中的IV类标准、《生活饮用水卫生标准》(GB 5749—2022)等相关的标准时,启动地下水污染健康风险评估工作。

该地块地下水污染羽不涉及地下水饮用水源补给径流区和保护区,但地下水毒理学指标氟化物、铅、锑超出《地下水质量标准》(GB/T 14848—2017)IV类标准,因此该涉重地块需启动地下水污染健康风险评估工作。

6.5 场地调查小结

场地调查结果表明,对照《土壤环境质量 建设用地土壤污染风险管控标准》(GB 36600—2018),本次调查采集的 168 个土壤样品除重金属铅和钴外,其他检测因子含量均未超过第二类用地筛选值。其中,5 个土壤采样点的 8 个土壤样品铅检出浓度超过第二类用地筛选值,铅超标率为 4.8%,铅的最大超标倍数为 2.1 倍;19 个土壤采样点的 23 个土壤样品钴检出浓度超过第二类用地筛选值,钴超标率为 13.7%,钴的最大超标倍数为 1.6 倍。

地下水调查结果表明,本次调查采集的 5 个地下水样品的色度、浊度、总硬度、硫酸盐、氟化物、锑、铅等指标的检出值存在超过《地下水质量标准》(GB/T 14848—2017)Ⅳ类标准限值的情况,因此将该场地地下水质量综合类别定为 Ⅴ类,地下水化学组分含量较高,不宜作为生活饮用水水源。

7 不确定性分析

不确定性是指监测结果不能被准确确定的程度,不确定性分析是计算风险时很重要的一步。如果调查结果的不确定性没有很好地传递给使用风险评估结果的决策者,那么很可能会引导决策者作出错误的决策。造成污染场地调查结果不确定性的主要来源包括历史资料的缺失、地层结构和水文地质调查、污染识别、布点及采样、样品保存和运输、分析测试、数据评估等。

本章以苏北某涉重企业地块为例,从场地调查的过程来看,该地块调查结果的不确定性来源主要有以下几个方面:

(1)废旧设备未清运的不确定性

该企业地块在 2011 年将一期项目设备全部拆除后建设二期项目,调查期间二期项目部分设备也已拆除,且部分废旧设备暂未清运,本报告是基于现场调查范围、代表性网格测试点和取样位置得出的,报告结果仅代表采样期间情况,除此之外,不能保证在现场的其他位置能够得到完全一致的结果。

(2)部分区域无法布点的不确定性

调查期间,由于生产区域存在电缆管沟、废水管道以及废水池体构筑物底板未破碎等情况,导致部分区域无法进行采样,该部分区域布点均在旁边最近地方进行采样,可能会造成调查结果的不确定性。

(3)土壤本身的不确定性

污染物与土壤颗粒结合的紧密程度受土壤粒径及污染物物理化学性质的

影响。一般情况下，相对于粗颗粒，细颗粒土壤中污染物含量较高；其次，小尺度范围及大尺度范围内污染物分布均存在差异，不同污染物在不同地层或土壤中分布的规律差异性较大，有的污染物分布呈现"锐变"，有的呈现"渐变"，以上因素一定程度上影响采样间距和样品制作，易导致检出结果出现偏差。

（4）人类土壤扰动的不规律性

调查场地内主要为涉重企业，地块上的人类活动不可避免地会对土壤造成一定的扰动，人类活动对土壤的扰动存在空间分布的不规律性，给地块土壤环境调查带来不确定性。

（5）采样点位布设的不确定性

本次调查期间，该涉重地块已完成了构筑物拆除工作，调查结果仅代表采样期间情况，此外，本次调查采用系统布点法和专业判断布点法相结合的方式，在系统布点的基础上通过专业判断尽可能选取最大可能存在污染的点位进行调查，不能保证在现场的其他位置能够得到完全一致的结果。

（6）采样过程中的不确定性

受土壤本身异质性较大特性影响，且采样过程易受到外界环境的干扰，即使无扰动采样，也无法完全避免样品中污染物的损耗。

（7）污染物识别的不确定性

污染物识别应包括生产过程中产生的污染物、产品和原辅料中的化学物质、相邻地块迁移来的污染物、污染物在环境介质变化中产生的污染物、其他无法确定的化学物质，故本次调查的土壤和地下水样品检测因子存在一定的局限性，调查结果存在一定的不确定性。

（8）实验室检测分析带来的误差及不确定性

实验室误差包括系统误差和偶然误差，对照质控报告，实验室检测结果虽然满足质控要求，但仍不可避免地存在误差及其带来的不确定性。

综上，地块场地调查的不确定性因素会给地块土壤和地下水环境调查结果带来一定的偏差。针对以上不确定性因素，在调查过程中，调查单位采取了多种方式尽量减少误差，使调查结果尽可能地反映真实情况。

8 结论和建议

土壤污染状况调查主要通过资料收集、现场踏勘、人员访谈等工作获取地块相关信息以完成地块布点方案的制定及检测因子的筛选,根据布点、检测方案开展现场采样、样品检测分析工作,并针对检测结果分析地块内土壤、地下水污染状况,进而判别该地块是否需要开展进一步的详细调查和风险评估,并提出合理性建议。

本章以苏北某涉重企业地块为例,汇总上述调查情况得出该地块土壤污染状况调查结论并提出相关建议。

8.1 结论

1. 调查结论

某涉重企业位于某工业园区内,主要产品为再生铅和免维护蓄电池,占地面积约 27 373 m^2。该企业于 2007 年开始建设"年产铅 10 万 t、40 万只免维护蓄电池建设项目",项目分两期投产,一期为年产 10 万 t 再生铅项目,于 2007 年开始建设,在 2008 年 4 月建成并通过竣工环保验收后正式投产,由于市场因素及环保要求,年产 10 万 t 再生铅项目于 2010 年底停产并拆除;二期为 40 万只免维护蓄电池项目,于 2011 年 5 月开始建设,于 2012 年 7 月建成开始试生产,于 2014 年 11 月通过竣工环保验收后正式生产,但由于金融借贷纠纷,于

2018年底停产。

现该涉重企业已关停,该企业不属于土壤污染重点监管单位,由园区管理委员会对该地块进行"腾笼换鸟",引进其他符合园区产业发展定位的企业,根据《关于加强工业企业关停、搬迁及原址场地再开发利用过程中污染防治工作的通知》(环发〔2014〕66号)中的要求:"地方各级环保部门要按照相关法规政策要求,积极组织和督促场地使用权人等相关责任人委托专业机构开展关停搬迁工业企业原址场地的环境调查和风险评估工作。"因此,该企业在关停搬迁前,应当按照规定进行土壤污染状况调查。

地块调查结果表明,地块内土壤重金属铅和钴的含量超过《土壤环境质量建设用地土壤污染风险管控标准》(GB 36600—2018)第二类用地的筛选值和参考筛选值,其他检测指标均不超过相应筛选值要求。参照《地下水质量标准》(GB/T 14848—2017),该地块地下水的色度、浊度、总硬度、硫酸盐、氟化物、锑、铅等指标超过Ⅳ类标准值,其他指标均不超过Ⅳ类标准值。

2. 下一步工作

《建设用地土壤环境调查评估技术指南》(环保部公告2017年第72号)中指出:"初步调查表明,土壤中污染物含量未超过国家或地方有关建设用地土壤污染风险管控标准(筛选值)的,则对人体健康的风险可以忽略(即低于可接受水平),无需开展后续详细调查和风险评估;超过国家或地方有关建设用地土壤污染风险管控标准(筛选值)的,则对人体健康可能存在风险(即可能超过可接受水平),应当开展进一步的详细调查和风险评估;初步调查无法确定是否超过国家或地方有关建设用地土壤污染风险管控标准(筛选值)的,则应当补充调查,收集信息,进一步进行判别。"

本次初步调查结果表明,该地块表层土壤中污染物铅和钴含量超过国家或地方有关建设用地筛选值,对人体健康可能存在风险(即可能超过可接受水平),应当开展进一步的详细调查和风险评估。

8.2 建议

鉴于场地环境调查的不确定性,从人群健康角度考虑,如后续开发利用过程中发现有严重异味等异常情况,建议立即停止施工并征询主管部门意见。

场地地下水的色度、浊度、总硬度、硫酸盐、氟化物、锑、铅等指标存在Ⅴ类情况,可能与场地内原有生活活动相关,建议对这些超标的因子和区域进行跟踪管控,严禁施工人员从基坑降水井内取用地下水饮用或从事与人体皮肤有直接接触的活动,施工结束后及时封井,并确保施工过程不对地下水产生新的污染。

根据厂区实际污染分布情况,建议土地利用过程选择土壤铅含量较高的区域进行地面硬化工作,减少土地使用过程中人员和土壤接触的暴露风险。

建设施工过程中应注意安全环保措施。施工单位在现场清理时,应针对可能出现的人体健康风险制定相应的应急预案,为施工人员提供相应的防护设备,对施工人员进行安全环保培训,确保施工安全进行。

参考文献

［1］郭耀文,杨军,王满堂.地表侵蚀与地貌相互关系的研究［J］.中国水土保持,1996(2):23-25＋59.

［2］潘剑君.土壤资源调查与评价(第 2 版)［M］.北京:中国农业出版社,2015.

［3］张月明,沈跃文,徐浙峰.土壤污染状况调查［J］.仪器仪表与分析监测,2010(1):39-43.

［4］颜志明.土壤污染及质量状况调查［J］.污染防治技术,2012,25(2):10-13.

［5］熊琦.建设用地土壤污染状况调查的现状与进展［J］.环境与发展,2020,32(3):237＋239.

［6］温会昭.建设用地土壤污染状况调查研究［J］.中文科技期刊数据库(全文版)自然科学,2022(6):171-173.

［7］周利东.建设用地土壤污染状况调查及风险评估策略［J］.清洗世界,2022,38(4):131-133.

［8］朱雯.建设用地土壤污染状况调查及风险评估［J］.建材发展导向,2021,19(20):33-34.

［9］王鑫.建设用地土壤污染状况调查及风险评估［J］.产城:上半月,2022(07):64-66.

［10］陈何潇,李杨,杨子杰,等.建设用地土壤污染状况调查资料收集方法研究

［J］.环境与发展,2020,32(5):67+69.

［11］曾德华.广西某地块土壤重金属污染状况初步调查［J］.环境与发展,
2020,32(5):55+57.

［12］焦龙进.场地污染状况调查中土壤及地下水重金属含量对比研究［J］.中
国资源综合利用,2022,40(10):127-129.

［13］崔洪亮.地质勘查在污染地块土壤污染状况调查工作中的重要作用［J］.
中文科技期刊数据库(全文版)工程技术,2022(4):83-85.

［14］李洪伟,邓一荣,刘丽丽,等.重金属污染地块风险评估及土壤修复技术筛
选［J］.能源与环保,2021,43(12):77-84.

［15］陈静,鲍立婷.土壤重金属污染的来源和修复［J］.河南科技,2013(17):
164-165.

［16］姜婧.土壤重金属污染及植物修复技术［J］.农村实用技术,2020(2):
178-179.

［17］黎宝仁.土壤污染防治与修复研究［J］.资源节约与环保,2021(12):
36-38.

［18］付丽,徐念.土壤重金属污染来源及修复对策［C］//第二届全国农业环境
科学学术研讨会论文集,2007:297-299.

［19］房世波,潘剑君,杨武年,等.南京市土壤重金属污染调查评价［J］.城市环
境与城市生态,2003(4):4-6.

［20］郭鹏飞,仇雁翎,周仰原,等.杭州某污染场地土壤重金属污染调查及风险
评价［J］.云南化工,2018,45(5):212-216.

［21］罗子奕.工业区场地土壤重金属污染及健康风险评价分析［J］.广东化工,
2019,46(8):156-157.

［22］龚惠红,邓泓.城市典型工业用地的土壤重金属污染及修复方案的研究
［C］//全国土壤污染控制修复与盐土改良技术交流会论文集,2006:46-51.

［23］梅德均.某遗留工业用地土壤重金属污染状况分析及评价［J］.环境与发
展,2021,33(3):58-62.

［24］陈锋,刘红瑛,曹阳.某钢铁企业周边土壤重金属污染状况调查与评价
［J］.四川环境,2010,29(2):52-54+60.

［25］范俊楠,贺小敏,陆泗进,等.湖北省重点行业企业周边土壤重金属污染现
状及潜在生态危害评价［J］.华中农业大学学报,2018,37(5):74-80.

[26] 高占啟,刘廷凤,刘献锋,等.南京江宁区土壤重金属污染及潜在生态风险评价[J].广州化工,2015,43(22):140-142.

[27] 赵爱霞,姜咏栋,王玉军,等.泰安市某蓄电池生产企业周围土壤重金属污染现状调查与分析[J].山东农业大学学报(自然科学版),2013,44(2):185-189.

[28] 杨莹,张立,郑权.安徽某停产蓄电池厂周边土壤重金属污染的现状与评价[J].廊坊师范学院学报(自然科学版),2016,16(1):73-76.

[29] 郑立保,陈卫平,焦文涛,等.铅蓄电池厂土壤铅含量分布特征及生态风险[C]//2012(中国·北京)重金属污染土壤治理与生态修复论坛论文集,2012:26-27.

[30] 任文会,吴文涛,陈玉,等.某废弃化工厂场地土壤重金属污染评价[J].合肥工业大学学报(自然科学版),2017,40(4):533-538.

[31] 周旋,郑琳,胡可欣.污染土壤的来源及危害性[J].武汉工程大学学报,2014,36(7):12-19.

[32] 宋伟,陈百明,刘琳.中国耕地土壤重金属污染概况[J].水土保持研究,2013,20(2):293-298.

[33] 付亚星,常春平,王仁德,等.铅蓄电池厂周围土壤重金属空间分布特征及潜在风险评价[C]//中国环境科学学会.2013北京国际环境技术研讨会论文集.北京:北京科技大学出版社,2013:270-276.

[34] 黄方,南晓云.土壤中非传统稳定同位素研究进展[J].中国科学技术大学学报,2015,45(2):87-100.

[35] 周弛,张秦铭,李和义,等.重金属企业周边土壤污染状况调查样品采集方法探讨[J].安徽农学通报,2013,19(22):79+90.

[36] 中国环境监测总站.中国土壤元素背景值[M].北京:中国环境科学出版社,1990:346-378.

[37] 方晓波,史坚,廖欣峰,等.临安市雷竹林土壤重金属污染特征及生态风险评价[J].应用生态学报,2015,26(6):1883-1891.

[38] 商执峰,祝方,刘涛,等.焦化厂周边土壤重金属分布特征及生态风险评价[J].水土保持通报,2014,34(6):288-292.

[39] 徐争启,倪师军,庹先国,等.潜在生态危害指数法评价重金属毒性系数计算[J].环境科学与技术,2008,31(2):112-115.